JN006855

教養としての ブランド牛

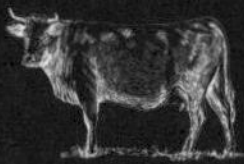

石原善和
ISHIHARA YOSHIKAZU

幻冬舎MC

はじめに

松阪牛、神戸牛、近江牛……、全国各地の「ブランド牛」は、日本人に人気の食材です。リクルートの「外食しに行きたくなる高級食材は？」という調査（２０２２年）でも、２位の「うなぎ」や３位の「カニ」を押さえて「ブランド牛（松阪牛、神戸牛など）」が1位になっています。

そして今、ブランド牛は世界の人たちを魅了しています。アジアや欧米でも高い評価を受けており、なかでも世界的に知名度が高い神戸牛の２０２１年の輸出量は前年比65％増の73トンと過去最高を記録しました。「世界に誇るブランド牛」は、まさに日本の宝です。

しかし、そんな日本の宝であるブランド牛について、詳しく知っている人は多くはいません。

例えばブランド牛といっても、松阪牛や神戸牛などの一部の有名銘柄しか知らない人が大半です。しかし、実際には国内だけで３００を超える数のブランド牛があり、それぞれのブランド牛の特徴や牛肉のランク（等級）まで理解している人はほとんどいません。
また、ブランド牛の多くは和牛ですが、和牛と国産牛の違いを聞かれて正確に答えることができる人も少数です。そもそも、ブランド牛がどのように誕生し、進化してきたのか、そのルーツや発展の歴史もあまり知られていません。そして、人々を感激させる極上のブランド牛を生み出している、肥育農家のこだわりと情熱を知る機会も滅多にありません。

私は35年以上にわたって和牛の肥育を生業とし、２０２０年に自らの名前を冠した「石原牛」ブランドを立ち上げました。ブランド牛を食べる立場ではなくつくる側の立場になったのですが、だからこそブランド牛についてもっと多くの人に知ってもらいたいという思いが強くあります。私は長い年月をかけて最高の牛づくりを追求してきたと自負していますが、エサの与え方一つ取ってもよりよい方法を見いだすために試行錯誤を繰り返しています。それは私だけではなく、ブランド牛の生産者たちは日々、肥育の技を磨いています。それほどまでに奥深いブランド牛の肥育方法を知ってもらうことで、舌だけでなく頭（知識）でもブランド牛の魅力を堪能してもらいたい、それがつくり手の一人としての思いです。

そして、今こうしてブランド牛が多くの人たちに人気があるのは、和牛の改良に尽力した先人たちのおかげです。本書でブランド牛のルーツをたどることで、私も先人たちへの感謝の思いを新たにしました。また、この10年ほどの間に、私が生産する和牛も、食肉卸会社を通してアメリカやイギリス、オランダ、台湾、シンガポールなど世界各地に輸出されるようになりました。こうした生産者ならではの思いや目線も盛り込んだ本書が、ブランド牛を味わい尽くすための「深い教養」になれば、これほどうれしいことはありません。

ようこそ！　魅力溢れるブランド牛の奥深い世界へ。

教養としてのブランド牛　目次

［第4章］ブランド牛それぞれの味の違い

牛肉のランク（等級）の意味を理解し、自分好みの味と出合う

［第1章］

ブランド牛誕生と発展の歴史

日本のブランド牛のルーツをたどる

先人の叡智と情熱なくして今の牛肉文化はない

牛肉は欧米をはじめとした世界各国で食されており、それぞれの品種にはルーツがあります。今、私たちが当たり前のように牛肉を食することができるのは、牛の改良の歴史があったからであり、先人たちの叡智と情熱なくして、今の牛肉文化はありません。

例えば、イタリアの代表的な品種である「キアニーナ牛」は、西暦1世紀から農耕牛として用いられてきたイタリアの在来種で、世界中の牛の祖先ともいわれています。20世紀初期に牛肉食が広がった近代史のなかで肉用牛に改良され、現代に至っています。

また、今では世界的に有名な「アンガス牛」は、本来の名称である「アバディーンアンガス」の名のとおり、スコットランドのアバディーンシャー州とアンガス州がルーツの品種です。19世紀半ばにスコットランドの繁殖家が改良してつくった品種で、その後、肉質の良い肉専用種として各国に広まりました。1978年には、アメリカン・アンガス協会によって「認定アンガスビーフ」（CAB）規格が制定され、一定の品質基準を満たしたアンガス牛が生産されています。

日本では明治以降に改良が重ねられ、紆余曲折を経て1944年に「和牛」の認定が確立しました。その後現在に至るまで主な国産ブランド牛のほとんどは和牛とされています。

100年強の短い歴史のなかで急速に発展を遂げた

そもそも日本に牛がいつから存在したのかというと、これには諸説あります。その一つとして、弥生時代にヨーロッパを起源とする牛がモンゴルなどを経て朝鮮半島から入ってきたという説があり、これがいわば日本の在来牛にあたるとされています。

在来牛の特徴に関する資料としては、鎌倉時代末期に記された「国牛十図」が有名です。この国牛十図には、「筑紫牛」と「御厨牛」（長崎県）、「淡路牛」と「但馬牛」（兵庫県）、「丹波牛」（京都府から兵庫県）、「大和牛」（奈良県）、「河内牛」（大阪府）、「遠江牛」（静岡県）、「越前牛」（福井県）、「越後牛」（新潟県）が取り上げられています。

それぞれの牛の姿を描いた図とともに「筑紫牛は姿が良い」、「淡路牛は小柄であるが力が強い」、「但馬牛は腰も背も丸々として頑健」、「大和牛は大柄である」といった特徴も記されており、鎌倉時代には各地に広まった在来牛が地域ごとの特徴をもつようになってい

国牛十図

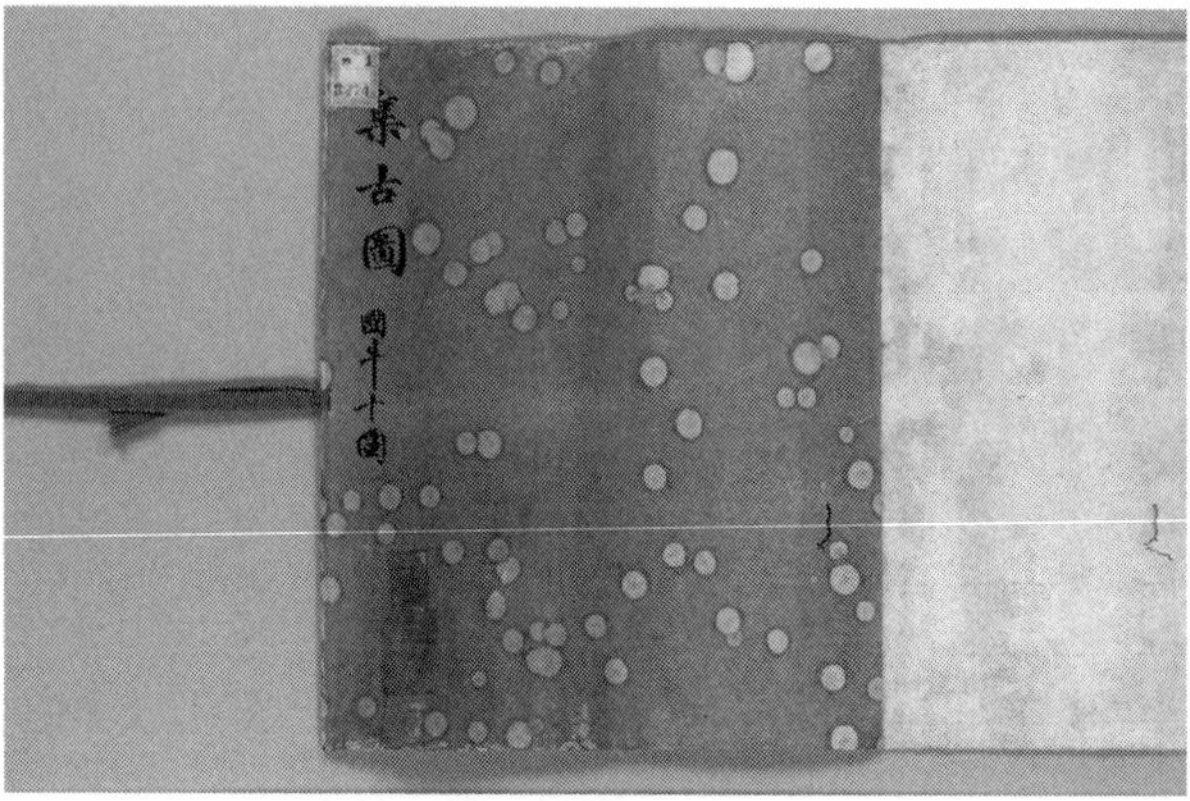

出典：国立国会図書館デジタルコレクション「国牛十図」

国牛十図に描かれた但馬牛

出典：国立国会図書館デジタルコレクション「国牛十図」

たことがうかがえます。

現在も日本のブランド牛の多くは地域ごとに生産されています。しかも、この国牛十図で取り上げられた地域には、ブランド牛の代表的な産地である兵庫県が含まれています。そうした観点からすれば、鎌倉時代末期に記された国牛十図に、日本のブランド牛のルーツの一端を垣間見ることができるともいえます。

ただし、当時の在来牛は、耕作や運搬などに使われる役牛《えきぎゅう》でした。肉用牛への改良が行われるようになったのは明治以降の近代になってからです。江戸時代までの日本は、殺生を禁じる仏教の影響や、牛をはじめとした家畜は農業の貴重な労働力であるという考えから、肉食は忌避されていました。まったく肉を食べなかったわけではなく、牛肉も滋養強壮の薬として食されるなどしていましたが、基本的に肉食はタブーだったのです。

馬肉は「さくら」、鹿肉は「もみじ」、猪肉は「ぼたん」という別名がありますが、これらも肉食がタブー視されていた時代の隠語だといわれます。そうした肉食忌避の時代に、肉用牛への改良が行われるはずがありません。肉用牛への改良は、肉食が国民に奨励されるようになる文明開化の時代を待つしかありませんでした。

つまり、日本における肉用牛の改良の歴史は、数百年といった長いものではないのです。明治以降の100年強の短い歴史でしかありません。言い方を換えれば、それだけの短い歴史のなかで急速に発展を遂げ、世界の人々をも魅了する優れた肉質を誇るようになったのが和牛であり、それを可能にした先人たちの叡智や情熱に敬意を表さずにはいられません。

「和牛＝純血の在来牛」ではなく混血の歴史があった

明治維新後、日本が西洋との交流を進めるなかで、国民に肉食が奨励され始めました。明治となって5年目の1872年には明治天皇が牛肉を試食し、新聞にも取り上げられて肉食が広まっていったともいわれます。肉食は文明開化の象徴にもなり、「牛鍋」が人気料理になりました。今も横浜にある牛鍋の店、「太田なわのれん」や「じゃのめや」も明治前期に創業しています。

そしてこの頃、時を同じくして外国種の牛が輸入されました。1869年から1887年の約20年で、ショートホーン種、デボン種という品種を中心に計2500頭以上の外国種の牛が、乳用、肉用を目的として輸入され始めました。さらに、1900年には、「種牛改良調査会」によって日本の在来種と外国種の交雑による改良の方針が打ち出されました。この方針のもと、エアシャー種やシンメンタール種、ブラウンスイス種といった外国種が輸入され、交雑が進められたのです。

しかし、改良は順調にはいきませんでした。外国種との交雑によって大型化したものの、動きが鈍くなるなどの望ましくない傾向も多く見られる結果になってしまったのです。当時は肉食が解禁されたといっても、まず牛に求められるのは農耕などに役立つ役牛としての能力でした。役牛として用いたあとの牛を肉用牛にしていたのです。そのため動きが鈍くなるのは大きなマイナスでした。しかも、外国種との交雑牛は、肉質に関しても在来牛より劣っていたそうです。

このように明治以来半世紀あまりの間に行われた外国種との交雑は、労役と肉用という複数の目的の間で試行錯誤され、現代の牛づくりとは技術や論理の面で異なるところの多いものでした。しかし一方で、今日の和牛がこの時代の交雑種の影響を受け継いでいるのも事実であり、すべてが無駄に終わった失敗だったということにはできません。どちらにしても、知識として押さえておきたいのは、「和牛＝純血の日本在来牛」ではないということです。混血の歴史を経て誕生したのが和牛であり、外国種の影響を受けずに今に至る日本在来牛はわずかしか残っていません。

それが、山口県の「見島牛」と鹿児島県の「口之島牛」（トカラ牛）です。どちらも離島であったことが外国種の影響を受けなかった大きな理由であると考えられ、口之島牛については明治以前に野生化していたといわれます。一方、見島牛は昭和3年に天然記念物に指定されました。見島がある萩市の観光協会のホームページによれば、「500頭以上いた頭数は昭和50年代初頭には約30頭近くまで減少したが、現在は見島牛保存会の努力により絶滅の危機を逃れ、80頭前後が見島で飼育されている」とあります。年間にごくわずかの頭数分ですが、見島牛の牛肉も出荷されています。

改良の時代こそ、ブランド牛の起源

外国種との交雑は望ましい結果ではなかったものの、そこで先人たちが立ち止まることなく次のステップに進んだことが、今日の和牛の礎を築き、わが国に数々のブランド牛を生み出すことになります。外国種と交雑した牛には、体格が良い、早熟であるといった長所もありました。こうした外国種によってもたらされた交雑牛の優れた点と、在来牛が備えていた優れた点を兼ね備えた牛をつくっていくという方針が1912年に日本政府によって打ち出されたのです。この方針に基づいて改良した牛が「改良和種」と呼ばれました。

その後、各産地で合理的に改良を進めるための基準が設けられるなどしました。さらに、登録事業もスタートします。いくつかの条件を満たした牛を登録して情報を管理することで、その特徴や能力を改良により活かすことができるようにしたのです。こうして基準や体制が整備されていったことで、改良の成果も高まっていきます。外国種の交配によって後退したマイナスの地点から、プラスへと転じる大きな転換期になったのです。

その点からすれば、今日まで続く和牛の改良の歴史において、この時代が創成期ともいえます。当時はまだ役肉両用牛で、「役7分・肉3分」、「役5分・肉5分」など各地域の目的に合わせて改良が進められていました。それでも両用ということは肉用牛としての改良も加味されるようになったということです。のちに日本のブランド牛が肉用牛として飛躍的に発展していくことを踏まえると、この時代がブランド牛の起源にあたるのではないかという見方もできます。

もちろん、これは個人的な見解です。名前が有名になることがブランドであることを考えれば、その歴史を明治や江戸時代にまで遡り最古参のブランド牛、近江牛や神戸牛がブランド牛の起源という見方もあると思います。ブランド牛の起源として改良の歴史に着目したのは、私が和牛の生産者であることが多分に影響していることは否めませんが、一つの見解としてまったく的外れなものでもないと思います。

先人の勘と経験、情熱が基礎を築いた

改良和種の方針が打ち出されてから約30年の時を経て、1944年に「黒毛和種」、「褐《かっ》毛《もう》和種」、「無角和種」の3品種が日本固有の品種として認定され、総称して和牛と呼ぶようになりました。1957年には「日本短角種」も認定され、現在に至るまでこの4品種と、黒毛和種×褐毛和種などの和牛間交雑種のみが和牛となっています。

この4品種が日本固有の品種として認められたのは、国内での改良によって固定種とみなすことができるまでになったからです。固定種とは、主に種苗業界で用いられる用語

で、代々、同じ形質が受け継がれる種のことを指します。固定種には自然淘汰によって生まれたものと、人による改良によってつくられたものがあり、種苗業界では種苗法の条件を満たした新品種がつくられてきました。和牛においては固定種とみなすための厳密な規則はありませんでしたが、和牛と認定された4品種も、改良によって共通の特徴をもつようになったことで、品種として認められたのです。

そして、各品種の共通の特徴としては、同一の血統起源であることや、黒毛、褐毛といった見た目の共通点だけでなく、一定以上の能力を有していることが重要でした。当時の和牛の能力として重視されたのは、役牛としての能力です。平たくいえば、農耕などでどれだけ役に立つかということです。当然ながら脆弱な牛では、あまり役に立ちません。より強健な牛、より扱いやすい牛、愚鈍ではない牛などが求められました。一方、肉用牛としての能力とは、肉量や肉質がどれだけ優れているかということになります。文明開化を経て牛肉の需要が生まれたことで、先人たちはこの能力を押し上げるための改良にも挑んでいくことになったのです。

では、役牛にしても、肉用牛にしても、どのような方法で改良したのかというと、より能力の高い優良牛を選んで繁殖させ、能力の低い牛を減らしていくという選抜・淘汰を繰り返していきました。このように説明すると、とても単純な方法のように思うかもしれませんが、繁殖させた際に子孫にどれだけ能力が受け継がれるのかは不確定です。さらに、交配させる雄牛と雌牛のそれぞれのタイプによっても子孫の能力は異なってきます。繁殖用の雌牛は、毎年子牛を生む連産性などの能力も求められました。

一口に選抜・淘汰といっても、決して容易なことではありません。自然任せではなく、人が操作するのが改良ですが、その操作は複雑極まりないものなのです。特に遺伝学に基づいて確立された科学的な根拠が現代に比べてまだ乏しかった時代には、なおさら難しいことだったはずです。それでも改良が進んだのは、先人たちが勘や経験を頼りに、飽くなき情熱をもって最適解を追求したからに違いありません。

そうしたなかで、江戸時代には「つる牛」と呼ばれる優良牛系統がすでに存在していました。優良形質を固定させるための近親繁殖など、今に通じる合理的な交配、選抜・淘汰がすでに行われていたそうです。日本最古のつる牛としては、岡山県の「竹の谷つる」、島根県の「卜蔵づる」、広島県の「岩倉づる」、兵庫県の「周助つる」があります。これらのつる牛をつくった人たちは、当時の改良名人だったといえます。

登録事業の普及が和牛の改良・発展に大きく貢献

1948年には現在の公益社団法人全国和牛登録協会が設立され、全国的に一本化した登録事業が普及していきます。生産者であれば誰もが知っている、和牛の改良、発展に大きく貢献してきた協会です。

同協会が行っている登録事業の基礎である子牛登記や、能力の高い順に基本登録、本原登録、高等登録という3種類の登録種類を設けた登録制度、「種雄牛の産肉能力検定」などが、和牛の改良・発展に寄与してきました。

例えば、種雄牛の産肉能力検定は、対象となる牛を見て増体能力（発育の早さ）などを調査する直接検定と、その牛の子牛を肥育して肉の成績を見る現場後代検定、また子牛のうち去勢牛を限定的に肥育して評価する間接法の3種類があります。人工授精に用いられる凍結精液を生産する種雄牛は、こうした産肉能力検定によって選抜されています。

今では子牛の時点で、それぞれの牛の能力が高い精度で推定されるようにもなっています。整備された血統や能力の情報を基に推定の精度を高めているのです。

私が子牛を購入する鹿児島県内のセリでも、それぞれの子牛の情報の一つとして、推定された能力の目安が記されるようになっています。例えば、赤身肉に脂肪が白い網のように入っている「サシ」についての評価項目があり、推定される能力が高い順にH、A、Bの記号が記載されています。Hであれば、サシの入りが最も期待できる子牛だということです。この一例からも、和牛は改良のための情報管理や研究が高いレベルで推進されてきたことが分かります。なお、専門的な用語では、それぞれの牛の能力の推定値を育種価と呼びます。

和牛の歴史に名を刻んだ「スーパー種雄牛」

和牛の改良では、後世に名を残す「スーパー種雄牛」の存在にも触れないわけにはいきません。種雌牛は能力が高くても、生涯で出産できる子牛の数は限られますが、能力の高い種雄牛は引く手あまたになります。そのため、「スーパー」の名にふさわしい、驚くほど多くの数の子孫を残すことになったのです。

その代表格が「田尻号」です。現在の兵庫県美方郡に1939年に生まれ、1954年まで生きた但馬牛です。交配は自然交配が主体で、人工授精に用いられたのは晩年になってからですが、その産子数は1500頭近くにも及びます。さらに、田尻号の雄子牛も、全体の20％以上の170頭以上が種雄牛になりました。日本の和牛の改良に多大な貢献をしたのが田尻号です。

2012年には全国和牛登録協会の調べによって、全国の黒毛和牛の繁殖雌牛は、99・9％の比率で田尻号の子孫であることも証明されました。ほかにも後世に名を残した昔の種雄牛としては、岡山県の「第6藤良」と鳥取県の「気高」がいます。この3頭を祖先とする血統を田尻系、藤良系、気高系とも呼びます。

一方、比較的最近のスーパー種雄牛は、人工授精が完全に普及したこともあり、その産子数はケタ違いになっています。例えば、1990年から2008年まで生きた鹿児島の種雄牛、「平茂勝」の産子数は25万頭以上にも及ぶといわれます。この数字からも、一頭の優れた牛が与える影響の大きさがよく分かります。

実際に、私も子牛を購入する際に血統を参考にします。私の場合、古くからの血統である田尻系、藤良系、気高系まで遡ることはしませんが、その時代ごとに、今注目されている優秀な種雄牛の血統であるかどうかは参考にします。

例えばここ数年では、「安福久」（鹿児島）という種雄牛の血を引いている牛だと、私は高く評価するようにしています。購入する子牛は血統だけで選ぶわけではありませんが、このように和牛の世界では血統が非常に重要な意味をもっています。

戦後のターニングポイントの一つは農業の機械化

戦後から現在に至るまでの間に、和牛の改良の歴史には大きなターニングポイントが二つありました。一つは、昭和30年代から進んだ農業の機械化です。耕運機などの機械が広く使われるようになり、牛は役牛としての役目を終えていくことになります。一方で、高度経済成長期で牛肉の需要は伸びていたことから、肉用牛としての必要性は高まりました。そうしたなかで、和牛は肉専用種への改良が進むことになったのです。

それまでの役肉両用牛は、農耕などで用いられたため、鈍重になりやすい体の大きな牛は敬遠されました。そのため比較的、小柄な牛が多く、肉質だけでなく肉量も求められる肉用牛としてはもの足りない面がありました。そこで、明治時代に外国種と交配した交雑種の長所である増体能力などを活かしながら、肉質も肉量も優れた牛をつくるための改良が昭和30年代後半から推し進められたのです。

当時の改良の取り組みは「和牛維新」とも呼ばれるように、文字どおり、非常に大きなターニングポイントになりました。というのも役肉両用牛は、3歳から4歳くらいまで農作業などに用い、その後、半年程度の期間で肉用にするために肥育が行われました。子牛のときから肉用のためだけに肥育される現在の和牛とは、肥育の期間も方法も大きく異なります。

和牛が肉専用種へと改良されたこの時代を契機に、肉質も肉量も格段にアップしたに違いありません。肉専用種への改良が今日の和牛のクオリティーの高さを生み出すスタート地点だったと考えた場合は、この和牛維新が日本のブランド牛のもう一つの起源であるという見方をすることもできます。

また、戦後は日本でも牛乳をはじめとした乳製品が広く普及していきました。それに伴い、乳用種の牛肉の流通量も増えていきます。そうしたなかで、肉専用種として差別化を図るため、より品質を高める必要があったことも、和牛の改良を促進する一因になったようです。

輸入自由化のピンチをバネにして改良が促進

戦後の二つめのターニングポイントは、1991年に始まった牛肉の輸入自由化です。関税率が下がり輸入量が増加したことで、アメリカ産やオーストラリア産などの牛肉が大量に輸入される時代になりました。

これは、日本の牛肉生産者にとって大きな脅威でした。価格の安い輸入牛肉が日本の牛肉市場を席巻し、牛肉生産者に壊滅的な打撃を与えるのではないかという危機感があったのです。当時は牛肉の輸入自由化に対する反対運動も起こっていました。

実際、牛肉の輸入自由化は、国内の牛肉生産者に少なからず打撃を与えました。しかし、今から振り返れば、このピンチをバネに大きく進化したともいえるのが和牛です。輸入牛肉との差別化を明確に打ち出すべく、和牛の改良が一段と推し進められました。その成果として、今、黒毛和種の和牛の象徴にもなっている霜降りの魅力に磨きがかかったのです。

牛肉輸入自由化から今日に至る30年強の改良の進化は目覚ましいものがあります。年々、霜降りのサシが入りやすい牛、大きく育ちやすい牛が増えていったのです。それによって肉質も肉量も向上していきました。

実際、公益社団法人日本食肉格付協会の資料によれば、黒毛和種・去勢牛の格付で最高ランクのA5が占める割合は、1990年代後半は20%以下（全国平均値／以下同）でしたが、2021年、2022年には50%以上と飛躍的に伸びています。

黒毛和種・去勢牛の枝肉（皮や内臓を取り除き骨が付いたままの肉。この状態で格付されセリなどに出される）重量も、1990年代後半は430kg程度でしたが、2021年、2022年は510kg程度と100kg近くも増加しました。こうしたデータからも、輸入自由化以降の改良の目覚ましい成果がうかがえます。

日本に数多くのブランド牛が誕生したのは、こういった和牛の改良の歴史があったからにほかなりません。改良によって全国の和牛のレベルが押し上げられたことで、各地にブランド牛が続々と誕生したのです。特にこの30年ほどの間に、牛肉業界ではブランド化の動きが活発化しました。牛肉業界に限らず、あらゆる業界でブランド戦略が注目されるようになったことが大きな理由ですが、品質に自信がなければそうそうブランド化はできません。改良によって和牛のレベルが押し上げられたことで、ブランド化の動きが活発になったのです。

高い信頼性を担保する「牛トレーサビリティ制度」

日本では牛肉のブランド偽装が起きにくい仕組みも構築されています。それが「牛トレーサビリティ制度」です。牛を個体識別番号により一元管理し、生産から流通・消費の各段階において個体識別番号を正確に伝達することで、消費者に対する個体識別情報の提供を行う仕組みです。

まず、国内で飼養される、原則すべての牛に10桁の個体識別番号が印字された耳標を装着します。この個体識別番号によって、牛の性別や種別（黒毛和種など）に加え、出生から肥育、と畜までの飼養地などがデータベースに記録されます。と畜したのちも、枝肉、部分肉、精肉と加工され流通していく過程において、その取引に関わる販売業者などによって個体識別番号が表示され、販売先などの情報が帳簿に記録・保存されます。こうして、牛の出生から消費者に供給されるまでの間の生産流通履歴情報の把握（＝トレーサビリティ）を可能にしたのです。

消費者は購入した牛肉に表示されている個体識別番号をインターネットの専用サイト（独立行政法人家畜改良センター・牛の個体識別情報検索サービス）で入力すれば、牛の生産履歴を見ることができます。「特定料理（焼肉、しゃぶしゃぶ、すき焼き、ステーキ）提供業者」に指定されている飲食店でも、特定料理の提供に関わる牛肉の個体識別番号の表示と帳簿の備え付けが義務となっています。

このように日本の牛肉はトレーサビリティがしっかりと構築されているため、本来は和牛ではないものを和牛と表示するとか、産地を書き換えるといった偽装は起こりにくいのです。もちろん、ブランド牛の生産者も自分たちでブランドを守るさまざまな努力をしていますが、この牛トレーサビリティ制度によって日本のブランド牛は、より高い信頼性が担保されています。

牛トレーサビリティ制度は、2001年に国内でBSE問題が発生したことを契機につくられた制度です。BSE問題が発生した当時は牛肉消費が激減し、私も含め多くの生産者はこれで仕事を失うことになるのだろうかと絶望を感じずにはいられない状況でした。BSE問題そのものは非常に深刻な負の出来事でしたが、これがあったことで牛トレーサビリティ制度ができたのだと考えれば、業界がさらに良くなるための転機ではあったといえるかもしれません。

私は2020年に、自身が生産している和牛を「石原牛」としてブランド化したこともあり、牛トレーサビリティ制度によって信頼性を担保しやすいことが、より大きなメリットになっています。牛トレーサビリティ制度は、日本の牛肉の歴史において画期的な制度であり、日本のブランド牛について語る際にも重要な知識の一つです。

［第2章］

十牛十色、ブランド牛の種類300を超えるブランド牛の特徴を知る

「ブランド牛大国」ならではの楽しみ方がある

日本には300を超えるブランド牛があります。『銘柄牛肉ハンドブック2021』(食肉通信社)に掲載されている銘柄牛肉の数は377です。このハンドブックで紹介されている銘柄牛肉は、「全国のすべての銘柄を網羅するものではありませんが、各都道府県畜産課や生産組合等にアンケートを実施して集まった銘柄について掲載(引用ママ)」しているため、実際にはさらに多くのブランド牛が存在していると考えられます。

しかも、最近はネット通販で購入できるブランド牛が増えています。地元のブランド牛だけでなく、全国各地のブランド牛を購入して味わってみることもできます。数あるブランド牛のなかから、自分自身のお気に入りを見つけることができるのです。また、ブランド牛は贈呈品としても喜ばれます。ブランド牛について知識を深めておくと、友人や知人へのグルメな贈り物の選択肢が増えます。

もちろん、ブランド化していなくても良質な牛肉はありますが、ブランド牛であれば、それぞれのこだわりや特徴を知ることができます。私もこだわりの肥育方法で良質な和牛を生産しているという自負があったからこそ、自分の名前を冠したブランドを売り出しました。全国各地のブランド牛も、何かしらのこだわりがあるからこそ、ブランド化したに違いありません。それぞれのブランド牛のこだわりや特徴を知ることで、選ぶ楽しさも増すはずです。

「和牛」と「国産牛」は別物でブランド牛にも両方ある

ブランド牛に詳しくなってその楽しみを増やしていくにあたって、ある程度の基本知識を押さえておくと役立ちます。

まず、国産牛肉は主に「和牛」と「国産牛」に分かれます。ブランド牛はすべて和牛であると勘違いしている人もいますが、そうではありません。ブランド牛も和牛と国産牛の両方があるため、まずこの違いを知っておくことが大事になります。

和牛と表示できるのは、黒毛和種、褐毛和種、無角和種、日本短角種と、この4種間の交雑種のみです。一方、国産牛に分類されるのは乳用種やF1と呼ばれる交雑種です。乳用種は、その名のとおり、乳用が主たる目的の品種です。日本における乳用種の代表的な品種がホルスタイン種で、乳を生産しない雄牛だけでなく、乳の生産の役目を終えた雌牛も牛肉になります。そして、乳用種と和牛を交配させた交雑種がF1です。

農林水産省の「畜産物流統計」の2021年のと畜頭数を見ると、和牛が48万2847頭（全体の46・0％）、乳牛が32万5007頭（同30・9％）、交雑牛が22万8797頭（同21・8％）、その他の牛が1万4135頭（同1・3％）となっています。和牛が半分近くを占めますが、その他の乳用種やF1も日本の牛肉マーケットを支えています。

では、乳用種やF1のブランド牛の魅力は何かというと、その一つは、比較的価格が安いことです。例えば、F1の代表的な交配は、黒毛和種の雌牛とホルスタイン種の雌牛ですが、これは肉専用種よりも交雑種のほうが早く大きく育つなどのメリットを活かすことが目的です。その分、肥育コストを抑えられ、比較的、安い価格での販売が可能なのです。

肝心の肉質も、レベルの高いF1が少なくありません。黒毛和種との交配によって効果的に肉質を高めています。実は私も、数年前に卸売会社に頼まれて、一度だけF1を肥育したことがありますが、なかには和牛に負けず劣らずの品質のものがありました。

また、乳用種の牛肉は、総じてF1よりもさらに価格が安く、肉質は赤身が主体です。

黒毛和種のような霜降りのサシは入りません。しかし、いわゆる赤身肉が好きな人にとっては、それも魅力の一つです。和牛だけでなく、乳用種やF1のブランド牛のなかに自身のお気に入りを見つけるというのも楽しみが広がります。乳用種のブランド牛は酪農が盛んな北海道に特に多く、F1のブランド牛については全国各地に広く存在します。

和牛は4品種あっても飼養頭数の98％は黒毛和種

和牛の黒毛和種、褐毛和種、無角和種、日本短角種の4品種が日本各地でまんべんなく飼われているのかというとそうではなく、現在、日本で飼われている和牛のほとんどは黒毛和種です。独立行政法人家畜改良センターの資料によれば、2022年11月時点での和牛の品種ごとの全国の飼養頭数は、黒毛和種が約175万頭であるのに対して、褐毛和種は約2万3000頭、日本短角種は約7000頭、無角和種に至っては約200頭でしかありません。割合にして約98％が黒毛和種なのです。

つまり現在の和牛は、ほぼ黒毛和種です。黒毛和種は「黒毛和牛」と呼ばれ、それが精肉店や飲食店でのPR文句としても使われるため、場合によっては、店主がさまざまな和

牛の種別・性別の飼養頭数（2022年11月末時点）

黒毛和種			褐毛和種		
雄	雌	計	雄	雌	計
619,111	1,133,340	1,752,451	6,845	15,829	22,674
日本短角種			**無角和種**		
雄	雌	計	雄	雌	計
1,964	4,673	6,637	55	142	197

出典：独立行政法人家畜改良センター「全国および都道府県別の牛の種別・性別・月齢別の飼養頭数」

牛のなかから厳選した特別な種が黒毛和牛だというような印象を与えてしまいますが、そうではありません。仮に精肉店や飲食店が「和牛」としか表示していなくても、ほぼ黒毛和牛で間違いないのです。

では、なぜ和牛がほぼ黒毛和種になったかというと、黒毛和種の大きな特徴が脂肪交雑にあるからです。サシと呼ばれる脂肪交雑が入りやすく、いわゆる霜降りの牛肉として優れているのです。

日本では霜降りの牛肉の人気が高く、より高値で取引されます。高値で売れる黒毛和種の生産者が増えるのは自然な流れでした。実際、黒毛和種における霜降り肉ならではのおいしさは、日本が誇る食の宝というべきものです。

しかし、だからといって黒毛和種のブランド牛だけがすべてに勝るなどというつもりはありません。霜降りだけが牛肉のおいしさであるとも思っていません。褐毛和種、無角和種、日本短角種は、脂肪交雑の面では黒毛和種に劣りますが、赤身肉としてのおいしさなどそれぞれの魅力があります。

ブランド牛は十牛十色

黒毛和種、褐毛和種、無角和種、日本短角種の和牛4品種は、日本在来牛に外国種を交配して改良を進めた品種であるのは同じですが、交配した外国種の種類などの違いによって、それぞれに異なる特徴をもつようになりました。

まず黒毛和種は、交配された外国種がブラウンスイス種、デボン種、エアシャー種、シンメンタール種など、多岐にわたります。役肉両用牛だった頃は比較的小柄な体格で、体重の増加スピードが遅いという欠点があったともいわれますが、現在の黒毛和種は改良によって増体能力も格段に増しています。見た目の特徴は、黒毛和種の名のとおり、毛が黒いことで、角や蹄《ひづめ》も黒色です。

褐毛和種は、褐毛の外国種・シンメンタール種と交配させて改良した品種で、毛の色は黄褐色から赤褐色です。増体能力の高い品種としても知られています。ルーツは熊本系と高知系の二つがあります。肉質の大きな特徴としては赤身が多いことですが、黒毛和種以外の3品種のなかでは最もサシが入りやすいといわれる品種です。熊本県や高知県、さらに北海道にある褐毛和種のブランド牛でも、赤身肉のおいしさやヘルシーさとともに「適度なサシ」を魅力にしています。

日本短角種は、東北地方の南部牛とショートホーン種を交配して改良された品種で、毛色は褐色、肉質は赤身が主体となっています。春から秋にかけて放牧し、雪が積もる冬は牛舎に戻る「夏山冬里」方式で育てられる場合が多いのも特徴です。日本短角種のブランド牛は岩手県や青森県、北海道などで飼養されています。

無角和種は、アバディーンアンガス種と交配して改良した品種です。毛が黒く、その名のとおり、角がありません。現在は、山口県の阿武町が主産地となっており、赤身肉のおいしさを魅力にしています。飼養頭数がかなり少ないため、最も希少性の高い和牛の品種となっているのが無角和種です。

黒毛和種以外の3品種は、飼養頭数が少ないため、その牛肉を食べたくても入手が困難な場合もあるかもしれませんが、褐毛和種や日本短角種は通販を行っているブランドもあります。

和牛はほぼ黒毛和種であるため、日本のブランド牛の多くが黒毛和種となり、生産者全体のレベルも上がっているため、ブランドごとの味の違いが分かりづらいといわれるのも事実です。しかし一口に黒毛和種といっても、血統や肥育方法によって肉質は変わってきます。だからこそ、ブランドごとのこだわりや特徴があり、日本のブランド牛は「十牛十色」といえます。そこに和牛の奥深さがあるのです。

雄牛（去勢牛）・雌牛にはそれぞれの長所がある

肥育方法に関連する基本知識としては、まず雄牛と雌牛の違いがあります。肉用牛の雄牛のほとんどは、生後5カ月くらいまでに去勢されます。去勢することで柔らかい肉質になりやすく、気性の荒々しさが減って飼いやすくなるからです。この去勢牛は、雌牛に比べて品質が安定しやすいというメリットがあります。雄である去勢牛のほうが、雌牛より大きく育ち、枝肉重量もより期待できます。

一方、雌牛の長所は、去勢牛より味が良いといわれる点です。雌牛の肉質はきめが細かいなどと表現されます。しかし、雌牛は発情期にエサを食べなくなる、去勢牛に比べると神経質である場合が多いなど、肥育の難易度が高く、品質のバラつきが出やすいのが短所です。

こうした違いがあるなかで、ブランド牛も「去勢牛のみ」、「雌牛のみ」、「去勢牛と雌牛の両方」という3パターンがあります。ただし、このなかでイメージ的にブランド価値が高まりやすいのは、味が良いといわれる「雌牛のみ」であるため、「去勢牛のみ」、「去勢牛と雌牛の両方」である場合は、それを取り立てて強調することはあまりありません。

私が生産している石原牛も「去勢牛と雌牛の両方」です。2009年から去勢牛に一本化しましたが、焼肉店オープンに伴い2020年から雌牛の肥育も再開しました。そうしたなかで、雌牛の味の良さと肥育の難しさの両方を実感しているところです。仮に肉質のレベルが10段階だとすると、最高の10レベルが出やすい反面、7レベルも出てしまいやすいのが雌牛で、安定的に8～9レベルが出やすいのが去勢牛という感じです。どちらにも長所があるため、私としては去勢牛と雌牛の両方の良さを活かすことで、よりブランドの価値を高められると考えています。

和牛全体の生産量を見ても、去勢牛と雌牛でそれほど大きな差があるわけではありません。農林水産省の「畜産物流統計」によれば、2021年の和牛のと畜数は去勢牛が約26万5000頭で、雌牛が約21万8000頭です。雌牛は繁殖用の頭数が多くなるため、和牛の飼養頭数でいえば雄が約62万頭であるのに対して、雌が約114万頭（独立行政法人家畜改良センターの資料・2022年12月時点）と圧倒的に多くなっていますが、肉の生産量としての差はそれほどでもないのです。ブランド牛においても「雌牛のみ」に限定しているケースは少なめで、「去勢牛のみ」や「去勢牛と雌牛の両方」が多くなっています。

また、雌牛は去勢牛よりも味が良いと評価されますが、それらはすべて未経産牛です。出産を経験した経産牛の牛肉は基本的に肉質が劣るため、市場の評価も低くなります。

ただし、個人的には経産牛ならではのおいしさもあると思っています。経産牛が牛肉になるのは年齢でいうと10歳以上であるため、3歳未満でと畜される去勢牛や未経産牛よりも、はるかに長く生きています。経産牛の肉を食べると、確かに柔らかさなどの面では劣るものの、長く育てられた牛ならではの香りを感じるのです。その味わいの評価が高まれば、あえて経産牛に特化したブランド牛が増えるということも考えられます。

肥育期間や飼料にも各ブランド牛のこだわりがある

肥育方法に関連するもう一つの基本的な知識は、肥育期間の長さです。黒毛和種の肥育農家は、月齢で8カ月から10カ月の子牛を購入して肥育期間に入ります。その肥育期間は20カ月前後で、出荷月齢は28カ月から30カ月が一般的です。ブランド牛でも、出荷月齢の基準を設けている場合は28カ月から30カ月が多くなっています。

しかし、なかには、31カ月以上での出荷を基準にしているブランド牛もあります。肥育期間を長くすることで、肉の旨みが増すなどして肉質が向上するという考え方があるのです。

個人的には28カ月から30カ月で十分に上質な肉質になると考えていますが、生産者ごとの考え方の違いが、それぞれのブランド牛のこだわりです。そうした観点から、ブランド牛の出荷月齢をチェックするのも、自分好みの牛肉を見つけるうえでのポイントになります。

また、肥育方法に関する生産者のこだわりとして、最も重要な要素の一つが飼料です。同じ黒毛和種の肥育農家であっても、飼料の種類や配合の仕方が異なります。それぞれの生産者が、自身の考え方に基づいて飼料の種類や配合の仕方を決めています。ただし、飼料の細かい点に関しては企業秘密である場合が多く、詳細についてはあまり公表していません。それは私が生産している石原牛も同様です。

そうしたなかで、珍しさのある飼料を使っている場合は、それをこだわりの一つとして打ち出しているブランド牛もあります。例えば、ハーブや漢方を飼料に配合している、リンゴやミカンといった果物由来の飼料を使っている、ワインの搾りかすを与えているなどです。地元の特産品を飼料に活用することで地域性を打ち出しているケースもあります。

「個体差」という永遠の課題と向き合いながら品質向上

牛は個体差があります。どれだけ肥育方法を工夫しても、まったく同じ肉質になるわけではありません。牛が生き物である以上は当然のことで、生産者にとっては永遠の課題ともいえます。そのため、同じブランド牛でも、一頭ごとの肉質は多少の違いがあることも押さえておくべき基本知識の一つです。

ただし、それは品質の差をなくす努力をしていないということではありません。逆に、その努力をしてきたからこそ、高い評価を得ているブランド牛が多いのです。例えば、牛肉の格付を用いて「Ａ４以上」などをブランドの基準にしています。基準の設け方はブランド牛によってさまざまですが、一定以上のクオリティーを維持することが目的であるのは同じです。

また、ブランド牛は、複数の農家が生産している場合と、一つの農家が生産している場合があります。前者は地域のブランドとして、その産地の複数の農家が生産しているケースなどです。後者は私が生産している石原牛のように、一つの農家が単独でブランド化したケースです。

複数の農家で生産するメリットは、生産量を増やせることです。ただし、農家ごとの肥育方法の違いによって、品質の差が出やすい面があります。一方、一つの農家でブランド化した場合は生産量が限られますが、比較的、品質の差が出にくいのが長所です。そうはいっても、やはり牛には個体差があり、石原牛も一頭一頭の品質に差がないわけではありません。しかし、品質の差は個性でもあり、生産者それぞれが努力や発想をもって取り組めば、それを逆に単独ブランドの強みとすることもできると思います。

長い歴史を誇る「日本三大和牛」の有名ブランド牛

300を超える日本のブランド牛のなかでも、知名度の高さが群を抜いている有名ブランドがあります。その代表格が、「神戸牛」(兵庫県)、「松阪牛」(三重県)、「近江牛」(滋賀県)、「米沢牛」(山形県)です。この4つのうち神戸牛、松阪牛、近江牛または米沢牛が、日本の三大和牛と呼ばれます。

ブランド牛の生産者の一人として正直にいえば、私もこうした有名ブランドに負けない上質な和牛を生産しているという自負があります。きっと同じような思いで、自身が生産している和牛に誇りをもっているブランド牛の生産者は多いと思います。

しかし、三大和牛と呼ばれる有名ブランド牛は、世に名前が知られるようになってから長い歴史を経ています。その歴史の深さに関しては、新参のブランド牛はどうやっても太刀打ちできません。有名ブランド牛が長い歴史を経てブランドを確立し、日本にブランド牛の文化を根づかせてくれたことに対する尊敬の念もあります。

なお、松阪牛の読み方は「まつさかうし」と「まつさかぎゅう」のどちらも正しいとされていますが、松阪を「まつざか」と読むのは誤りです。また、神戸牛については「こうべぎゅう」「こうべうし」どちらでも呼ばれていますが、そもそもこの呼び名は通称で、本来の名称は「神戸ビーフ」、または「神戸肉」になります。「KOBE　BEEF」という表記でもよいとされています。なお、近江牛も「おうみうし」と「おうみぎゅう」の二つの読み方がありますが、米沢牛の読み方は「よねざわぎゅう」のみです。

外国人の間でいち早く有名になった「神戸ビーフ」

三大和牛と呼ばれる有名ブランド牛は、その古い歴史を遡ると、それぞれに有名になるきっかけになったといわれる出来事やエピソードがあります。

まず神戸牛は、鎖国の時代が終わり、1868年に海外に門戸を開いた神戸港が開港したことが、その名を世に広める契機になりました。兵庫県内で古くから飼養されてきた但馬牛の牛肉が、神戸を訪れた外国人の間で評判となり、神戸ビーフという名が広まったという説です。もう一つの説として、横浜などに滞在した外国人が、神戸港から届く牛の肉を食べていたことから神戸ビーフと呼ばれるようになったともいわれますが、どちらにしても、まだ日本に食肉文化が定着していなかった時代に、外国人の間で評判になったことで、いち早く有名になったわけです。今、神戸ビーフが世界的に有名であることにはこうした歴史が関係しているのだと考えると興味をそそられます。

神戸牛は、近年においてもグローバルなエピソードを残しています。例えば、アメリカのオバマ大統領（当時）が２００９年に来日した際に、神戸ビーフを食べたいと要望したというのは有名な話です。政治家だけでなく、ハリウッドスターなどのＶＩＰも、訪日した際には神戸ビーフをリクエストするケースがよく見られます。

また、アメリカのプロバスケットボール・ＮＢＡのスター選手だったコービー・ブライアント氏は、父親が好きだった神戸ビーフにちなんで「Ｋｏｂｅ（コービー）」と名付けられたそうです。２０２０年にヘリコプターの墜落事故で亡くなりましたが、１９９８年には神戸市役所を訪れ、チャリティーイベントで集めた募金を寄付しています。２００１

年から２０１１年まで、神戸をアピールする神戸大使も務めていました。

「松阪牛」「近江牛」「米沢牛」の歴史的エピソード

日本で最も有名な和牛といわれることも多い松阪牛も、その歴史的なエピソードは明治時代まで遡ります。松阪牛協議会のホームページによれば、明治5年に山路徳三郎という人が始めた「牛追い道中」が、松阪牛の名を世に広めるきっかけになったといわれます。電車も自動車もなかった時代に松阪の牛を東京で売ろうと、たくさんの牛を引き連れて東京まで大行進を行ったのです。この牛追い道中は、明治30年代まで続きました。

一方、近江牛は、明治22年に東海道本線が開通し、近江八幡駅ができて東京への輸送が始まったことで、その名が広まったそうです。しかし、近江牛には、江戸時代まで遡るストーリーもあります。現在の滋賀県にあたる江戸時代の彦根藩は、牛肉の味噌漬けを「反本丸（へんぽんがん）」という名前の補養薬として売り、江戸の将軍家などにも献上しました。この史実から、近江牛は日本最古のブランド牛といわれることもあります。

また、米沢市役所の米沢牛解説ページには、米沢牛は一人のイギリス人教師が世に広めるきっかけをつくったことが掲載されています。その説によれば、明治4年から8年まで、米沢の興譲館で教鞭を執ったチャールズ・ヘンリー・ダラス氏が牛肉を食べたのが、食肉としての米沢牛の始まりです。さらにダラス氏は、米沢から一頭の牛を横浜へ連れ帰り、イギリス人の仲間にふるまいました。それが好評を博し、米沢牛が有名になるきっかけとなりました。

このように有名ブランド牛の歴史的なエピソードは、どれも興味深いものばかりです。当時から100年以上の時を経て、今も有名ブランドとしての地位を築き続けているのは本当にすごいことです。

「三大和牛」のそれぞれの基準と定義の特徴

神戸牛は神戸肉流通推進協議会、松阪牛は松阪牛協議会、近江牛は「近江牛」生産・流通推進協議会、米沢牛は米沢牛銘柄推進協議会と各組織があり、それぞれのブランドの定義や基準を設けています。

神戸牛の大きな特徴は「兵庫県産但馬牛」であることです。つまり、但馬牛が神戸牛になるため、まず但馬牛の定義を行っています。「兵庫県の県有種雄牛のみを歴代にわたり交配した但馬牛を素牛《もとうし》としている」、「繁殖から肉牛として出荷するまで神戸肉流通推進協議会の登録会員（生産者）が兵庫県内で飼養管理している」などが但馬牛の定義です。この但馬牛の雌牛（未経産）と去勢牛で、格付の等級が「『A』『B』４等級以上」、脂肪交雑の数値を示すＢＭＳが「№６以上」などの条件を満たしたものが神戸牛に該当します。

松阪牛は、黒毛和種のなかでも未経産の雌牛に限定しているのが特徴です。松阪牛生産区域での肥育期間が「最長・最終であること」も条件としています。松阪牛生産区域は松阪市を中心とした旧22市町村からなり、現在の市町では松阪市、明和町、多気町、玉城町、度会町、大台町の全域と、津市、伊勢市、大紀町の一部地域に相当します。

また、松阪牛には「特産松阪牛」もあります。「松阪牛のなかでも、兵庫県産の子牛を導入し松阪牛生産区域で９００日以上肥育した牛」と定義されているのが特産松阪牛です。松阪地方では、古くから、但馬地方で生まれて紀州地方で育った雌牛を役牛として用いていました。そうした役牛を肥育して松阪牛を生産してきた歴史があります。定義のなかに「兵庫県産の子牛を導入」とあるのは、その歴史を継承する意味があるのです。さらに「900日以上肥育」というのは、出荷月例で約38カ月以上となり、相当に珍しいといえるレベルの長期肥育です。実際、松阪牛のなかでも特産松阪牛が占める割合は、わずか数％（平成27年度実績が約4％）となっています。

近江牛は「豊かな自然環境と水に恵まれた滋賀県内で最も長く飼育された黒毛和種である」と定義されていますが、なかでも特に質の高いものを「認証『近江牛』」として認定しています。認証「近江牛」として認定されるのは、枝肉格付が「A4、B4等級以上のもの」、「『近江牛』生産・流通推進協議会の構成団体の会員が生産したもの」などです。

米沢牛は、「飼育者は置賜三市五町（米沢市、南陽市、長井市、高畠町、川西町、飯豊町、白鷹町、小国町）に居住し米沢牛銘柄推進協議会が認定した者で、登録された牛舎での飼育期間が最も長いものとする」などの定義がありますが、なかでも特徴的なのは、松阪牛と同様に黒毛和種のなかでも未経産の雌牛に限定していることです。月齢についても32カ月以上という基準を設けています。

なお、これら有名ブランドの年間出荷頭数は、『銘柄牛肉ハンドブック2021』（食肉通信社）の掲載データによれば神戸牛が約5600頭、松阪牛が約7900頭、近江牛が約6000頭、米沢牛が約2500頭となっています。日本各地のブランド牛は年間出荷頭数が2000頭以下、あるいは1000頭以下であるケースも多いため、比較的、高い生産量も誇っているといえます。ただし、和牛の年間のと畜数が約48万頭（2021年）であるため、和牛全体から見れば2％以下、あるいは1％以下になります。

ブランド牛発展の立役者となった「但馬牛」

神戸牛が兵庫県産但馬牛であり、松阪牛も但馬地方の牛をルーツとしていることからも分かるように、ブランド牛の歴史のなかで重要な役割を果たしてきたのが「但馬牛」です。三大和牛のなかには入っていなくても、ブランド牛の発展に大きく寄与してきました。ブランド牛の基本知識として、但馬牛についても触れないわけにはいきません。

但馬牛は、現在は兵庫県内の各地で生産されていますが、その名のとおり、もともとは兵庫県北部の但馬地方の牛です。ほかの牛と同じように以前は役牛でしたが、肉用牛としても優れた資質を備えていました。牛肉重要が拡大するなかで、その優れた資質が注目され、但馬牛は各地の牛の改良に用いられることになったのです。そのなかでもスーパー種雄牛として活躍したのが、但馬牛の田尻号です。

但馬牛は役牛であったときも、小柄で引き締まった体格で、よく働く牛として重宝されていました。それでいて、肉用牛としても優れた資質をもっていた但馬牛は、希代の二刀流の牛だと評することもできます。

地域ブランド＋個人ブランドでさらなる多様性

三大和牛以外のブランド牛では、「飛騨牛」（岐阜県）や「仙台牛」（宮城県）なども有名です。飛騨牛は、以前は岐阜県内でそれぞれの地域名が付いた和牛が生産されていたのですが、1991年の牛肉輸入自由化への対策としてブランディングを図り、飛騨牛として名称を統一して今に至っています。

一方、仙台牛は宮城県内で肥育された黒毛和種で、肉質等級が5等級に格付されたものに限定しているのが特徴です。有名ブランド牛のなかでも、5等級に限定しているのは仙台牛のみであるともいわれます。

このように三大和牛以外の有名ブランド牛にも、それぞれの歴史や特徴があります。そして、まだ有名ではない歴史の浅いブランド牛も、それぞれのこだわりをもって全国各地で生産されています。多くのブランド牛が名前に地域名を付けているように、その土地を代表する牛肉を生産しているという誇りが、品質の高さを生み出しているに違いありません。

一方で、なかには古くから個人名を冠しているブランド牛もあります。その一つが、私が修業した長野県の「村沢牛」です。独自の肥育理論をもつ村澤 勲氏が、自身の名前を冠したブランド牛です。個人名を冠したブランド牛は地域性が薄れますが、個を全面に打ち出すことで肥育農家のこだわりを伝えやすい長所があります。私も自身の名前を冠した「石原牛」を新たにブランド化したように、今後個人ブランドがもっと増えていけば、日本のブランド牛の多様性がさらに広がることになります。

黒毛和種の飼養頭数が多い県の主なブランド牛

日本のブランド牛の多くは黒毛和種ですが、その飼養頭数が最も多い都道府県がどこかを知っている人は意外に少ないのではないかと思います。独立行政法人家畜改良センターの資料によれば、黒毛和種の飼養頭数は鹿児島県が約30万9０００頭で1位です（2022年12月末時点／以下同）。2位も九州の宮崎県で約22万5000頭、3位が北海道の約20万1000頭となっています。乳用種のホルスタイン種は北海道が約101万7000頭（8割以上が雌牛）でほかの県よりも圧倒的に多い1位ですが、黒毛和種については九州の鹿児島県や宮崎県のほうが飼養頭数は多いのです。

九州は熊本県（約8万9000頭）や長崎県（約7万頭）、さらに沖縄県（約7万5000頭）も飼養頭数が多くなっています。そのため、現在は九州地方が和牛生産の聖地になっているのです。九州はブランド牛も多く、なかでも年間出荷頭数が多いのが「鹿《か》児《ご》島《しま》黒《くろ》牛《うし》」や「宮崎牛」、「佐賀牛」などです。なお、九州の熊本には褐毛和種の有名ブランド「くまもとあか牛」もあります。

一方、九州以外では、東北の宮城県（約6万8000頭）、岩手県（約6万5000頭）、山形県（約4万頭）、福島県（約3万8000頭）、関東では栃木県（4万4000頭）、茨城県（約3万3000頭）、群馬県（3万2000頭）、ほかでは岐阜県（約3万1000頭）、三重県（2万7000頭）、兵庫県（約4万6000頭）、島根県（約2万5000頭）などが黒毛和種の飼養頭数が比較的多い県です。

都道府県	黒毛和種		
	雄	雌	計
滋賀県	4,197	13,906	18,103
京都府	2,392	2,713	5,105
大阪府	239	350	589
兵庫県	16,592	29,813	46,405
奈良県	595	2,629	3,224
和歌山県	1,341	1,197	2,538
鳥取県	3,912	9,091	13,003
島根県	7,969	17,214	25,183
岡山県	4,682	10,641	15,323
広島県	5,402	8,628	14,030
山口県	3,457	6,641	10,098
徳島県	3,701	6,569	10,270
香川県	4,506	4,375	8,881
愛媛県	1,594	3,682	5,276
高知県	936	1,798	2,734
福岡県	8,190	6,110	14,300
佐賀県	24,736	26,058	50,794
長崎県	22,251	48,142	70,393
熊本県	30,412	58,406	88,818
大分県	13,069	25,732	38,801
宮崎県	80,650	144,956	225,606
鹿児島県	105,100	203,807	308,907
沖縄県	16,640	58,453	75,093
全　国	620,085	1,135,657	1,755,742

出典：独立行政法人家畜改良センター「都道府県別の牛の種別・性別の飼養頭数」

都道府県別・性別の飼養頭数（令和４年12月末時点）

都道府県	黒毛和種		
	雄	雌	計
北海道	65,213	136,025	201,238
青森県	10,843	19,571	30,414
岩手県	17,785	46,753	64,538
宮城県	29,025	38,936	67,961
秋田県	6,273	10,189	16,462
山形県	7,878	32,435	40,313
福島県	11,895	25,924	37,819
茨城県	19,623	13,386	33,009
栃木県	20,074	23,827	43,901
群馬県	14,787	16,986	31,773
埼玉県	7,992	3,662	11,654
千葉県	5,525	5,882	11,407
東京都	83	455	538
神奈川県	1,289	966	2,255
新潟県	3,146	2,898	6,044
富山県	903	1,420	2,323
石川県	1,781	1,341	3,122
福井県	657	727	1,384
山梨県	946	1,456	2,402
長野県	7,185	7,907	15,092
岐阜県	15,011	16,035	31,046
静岡県	2,101	5,563	7,664
愛知県	5,792	7,087	12,879
三重県	1,715	25,315	27,030

これらの県にもブランド牛は多く、「福島牛」（福島県）や「とちぎ和牛」（栃木県）、「常陸牛《ひたちぎゅう》」（茨城県）、「上州牛」（黒毛和種及び交雑種／群馬県）、「いずも和牛」（島根県）などがあります。また、知名度の高い「前沢牛」（岩手県）や、日本短角種の「いわて短角和牛」（岩手県）なども特徴的なブランドの一つです。

全国津々浦々に多彩なブランド牛が存在する

以上は黒毛和種のなかでも飼養頭数が多い県のブランド牛ですが、これらはあくまでも日本のブランド牛の一部にしかすぎません。飼養頭数が少ないほかの県にも、数々のブランド牛が存在します。

例えば、神奈川県は黒毛和種の飼養頭数が3000頭以下ですが、「葉山牛」などのブランド牛があります。埼玉県（約1万2000頭）にも「埼玉武州和牛」などがあり、千葉県（約1万1000頭）には「かずさ和牛」や交雑種の「せんば牛」、乳用種の「八千代牛」など多彩なブランドがあります。

また比較的、飼養頭数が少ない北陸甲信越においても、新潟県の「にいがた和牛」、石川県の「能登牛《のとうし》」、福井県の「若狭牛」などがあり、長野県の「りんご和牛信州牛」や山梨県の「甲州ワインビーフ」（交雑種）は、その名前からも飼料の特徴がうかがえるブランド牛です。ほかにも東海地方では静岡県の「特選和牛静岡そだち」や愛知県の「尾張牛」、近畿地方では奈良県の「大和牛」や京都府の「京都肉」、中四国地方では鳥取県の「鳥取和牛」や広島県の「広島牛」、香川県の「オリーブ牛」などがあります。紹介できるブランド名の数には限りがありますが、実にさまざまなブランド牛があり、それぞれに注目していろいろと試してみるのも楽しみの幅を広げてくれます。

都道府県	銘柄牛
福井県	若狭牛
静岡県	遠州夢咲牛、特選和牛静岡そだち
愛知県	みかわ牛、安城和牛、鳳来牛
岐阜県	飛騨牛
三重県	松阪牛、みえ黒毛和牛、鈴鹿山麓和牛、伊賀牛
滋賀県	近江牛
京都府	京都肉、京の肉、亀岡牛
大阪府	大阪ウメビーフ、なにわ黒牛、能勢黒牛
奈良県	大和牛
和歌山県	熊野牛
兵庫県	神戸ビーフ（神戸牛、神戸肉）、但馬牛、三田肉／三田牛、丹波篠山牛、神戸ワインビーフ、淡路ビーフ、加古川和牛、黒田庄和牛、湯村温泉但馬ビーフ、本場但馬牛／本場経産但馬牛
鳥取県	鳥取和牛、東伯和牛、鳥取和牛オレイン55
島根県	潮凪牛、いずも和牛、石見和牛肉、島生まれ島育ち 隠岐牛
岡山県	おかやま和牛肉、千屋牛
広島県	広島牛、神石牛
山口県	見島牛
香川県	讃岐牛、オリーブ牛
徳島県	阿波牛
愛媛県	いしづち牛
高知県	土佐和牛（黒毛和種、褐毛和種）
福岡県	小倉牛、筑穂牛
佐賀県	佐賀牛、佐賀産和牛
長崎県	長崎和牛（黒毛和種、褐毛和種）
大分県	The・おおいた豊後牛
熊本県	くまもと黒毛和牛
宮崎県	宮崎牛
鹿児島県	鹿児島黒牛、石原牛
沖縄県	石垣牛、おきなわ和牛、もとぶ牛

出典：公益財団法人日本食肉消費総合センター掲載情報をもとに一部改変

都道府県別の主なブランド牛一覧

都道府県	銘柄牛
北海道	はやきた和牛、知床牛、北勝牛、十勝和牛、みついし牛、ふらの大地和牛、ふらの和牛、かみふらの和牛、北海道和牛、北見和牛、びらとり和牛、生田原高原和牛、白老牛、音更町すずらん和牛、北海道オホーツクあばしり和牛、とうや湖和牛、流氷牛、つべつ和牛、十勝ナイタイ和牛、北海道もろみ和牛、宗谷岬和牛、白樺和牛、ところ育ちオホーツク和牛、サロマ和牛
青森県	あおもり倉石牛、あおもり十和田湖和牛、三戸・田子牛、東通牛
岩手県	前沢牛、いわて牛、いわて奥州牛、江刺牛、岩手しわ牛、岩手とうわ牛、いわてきたかみ牛、いわて南牛
秋田県	秋田牛、三梨牛、秋田由利牛、秋田錦牛、羽後牛
宮城県	仙台牛、若柳牛、石越牛、はさま牛、三陸金華和牛
山形県	米沢牛、尾花沢牛、山形牛
福島県	福島牛
茨城県	筑波和牛、つくば山麓 飯村牛、常陸牛、紫峰牛、紬牛、花園牛
栃木県	とちぎ和牛、とちぎ高原和牛、おやま和牛、那須和牛、かぬま和牛、さくら和牛
群馬県	上州和牛
埼玉県	武州和牛、深谷牛
千葉県	かずさ和牛、みやざわ和牛、しあわせ満天牛、美都牛、飯岡牛
東京都	秋川牛、東京黒毛和牛
神奈川県	横濱ビーフ、市場発横浜牛、葉山牛
山梨県	甲州牛、甲州産和牛、甲州ワインビーフ
長野県	阿智黒毛和牛、北信州美雪和牛、りんごで育った信州牛、村沢牛
新潟県	にいがた和牛
富山県	とやま和牛
石川県	能登牛

［第3章］

知られざるブランド牛の肥育方法
肥育農家のこだわりと情熱によって
極上の牛が育つ

肥育方法で牛のポテンシャルを引き出す

日本のブランド牛は高い品質レベルを誇っていますが、それを支えているのが全国各地の生産者たちです。ブランド牛の多くを占める黒毛和種の和牛も、肥育農家のこだわりと情熱なくして極上の牛は育ちません。黒毛和種は、日本だけでなく世界の人たちから求められている霜降りの上質な牛肉を生産することができる品種ですが、そのポテンシャルをどれだけ引き出せるかどうかは肥育方法にもよります。

私が生産している黒毛和種の和牛である石原牛の肥育方法にも、生産者ならではの知識や工夫がたくさん詰まっていますが、当然ながらこれは一例にすぎず、肥育方法は一つではありません。同じ黒毛和種でも、それぞれの肥育農家のこだわりがあり、違いがあります。黒毛和種以外の和牛の3品種、あるいはF1や乳用種など品種が異なれば、さらに違いは大きくなります。牛のポテンシャルを最大限に引き出すためのさまざまな取り組みや工夫には、肥育農家としてのこだわりや情熱が込められています。

「穀物肥育」によって霜降りの牛肉が生産される

基本的に黒毛和種の和牛は、濃厚飼料と呼ばれる穀物を与えて育てます。粗飼料と呼ばれる牧草やわらだけでなく、たんぱく質や炭水化物、脂肪などの栄養価が高い穀物も与えることで、サシが入りやすくなるのです。放牧して牧草を食べさせて育てる牧草飼育ではなく、牛舎で育てる穀物肥育によって霜降りの牛肉になるのが黒毛和種の和牛です。

石原牛を例にすると、約20カ月の肥育期間で与える粗飼料と濃厚飼料の割合は1対5程度です。牛が成長するにしたがって濃厚飼料の割合を増やしていき、肥育の後期はほぼ濃厚飼料だけになります。

飼料の種類については、粗飼料はイネ科の牧草であるオーツヘイやイタリアングラス、トウモロコシの子実が実る前に収穫される青刈りトウモロコシ、稲わらなどがよく使われます。濃厚飼料で主に使われるのはトウモロコシ、大麦、大豆、ふすま（麦の外皮部分）などです。

そして、重要なのが配合です。飼料の種類は同じような内容であっても、どの種類を、どれくらいの割合で配合するのかによって肥育する牛の肉質が変わってきます。そのため飼料の配合が肥育農家の重要なノウハウになります。さらに、濃厚飼料のトウモロコシや大豆などは、加熱して柔らかくしたものから、乾燥させたものまであります。そのなかから、どのタイプを選ぶのかも肥育農家によって異なります。私も飼料の種類と配合については、試行錯誤を繰り返しながら今に至っています。

また、飼料メーカーの研究開発などによって、栄養価の面でも、使いやすさの面でも飼料は進化してきました。そうしたなかで現在は、数種類の飼料がブレンドされた便利な配合飼料が使われています。私も以前は飼料の自家配合を行っていましたが、約10年前からは配合の内容を指定したオリジナルの配合飼料をメーカーに作ってもらっています。

生産コストが高いから牛肉の価格も高くなる

濃厚飼料は霜降りの牛肉を生産するうえで欠かせませんが、使えば使うほど生産コストは上がります。しかも、豚や鶏に比べて出荷までの期間がはるかに長く、1kg増体するのに必要な濃厚飼料の量も多いのが牛です。

一つの目安として豚は生後6～7カ月、鶏は早ければ生後2カ月弱で出荷されるのと比較すると、黒毛和種の28～30カ月という出荷月齢がいかに長いかが分かります。1kg増体するのに必要な濃厚飼料の量も、牛は豚の3倍、鶏の5倍ともいわれます。こうした理由から生産コストが高いため、牛肉は豚肉や鶏肉よりも値段が高くなるのです。

さらに、出産頭数が豚や鶏よりも少ないのが牛です。牛は年間に約一頭の出産頭数ですが、豚は20頭、鶏は200以上の卵を産みます。一頭あたりの出荷時の体重は牛が700kgを超えるのに対して、豚は110kg、鶏は3kg弱と、一頭あたりの肉量は牛が断然多くなりますが、出産頭数が少ないことも生産コストの高さに影響しています。

「繁殖農家」と「肥育農家」による分業体制

牛を育てる農家は、繁殖農家と肥育農家の二つがあります。繁殖農家は、子牛を育てる農家のことです。黒毛和種の出荷月齢は28～30カ月前後ですが、生後の8～10カ月は繁殖農家によって育てられます。繁殖農家によって育てられた「素牛」と呼ばれる子牛を購入し、出荷まで肥育するのが肥育農家です。繁殖から肥育までを一貫して行っている場合は一貫農家と呼ばれます。

繁殖農家は繁殖用の雌牛に種付けして子牛を産ませます。繁殖用の雌牛は、出産に必要な栄養価などが考慮されるため、最初から肉用牛として育てる牛とは飼料の種類などが異なります。そして、生まれた子牛を育てるには乳を与え、離乳もしなければなりません。子牛はすぐには穀物を消化できないため、「スターター」と呼ばれる消化しやすい濃厚飼料も与えます。

このように繁殖用の雌牛も子牛も、それぞれの育て方があります。肥育農家とは異なる設備やノウハウが必要なことから、繁殖農家の存在も欠かせないのです。私も以前は一貫農家でしたが、肥育頭数を増やすにあたって繁殖まで手掛けるのは大きな負担になったため、2017年からは肥育一本にし、子牛は繁殖農家から購入しています。

一筋縄ではいかないなかで理想のクオリティーを追求

牛の枝肉には、A5を最高ランクとして、A4、A3、B5、B4などの格付があり、その判定において特に重要なのが脂肪交雑の程度です。分かりやすく説明すればサシが多いほどランクが上がり、高値で取引されやすくなります。そのため霜降りの魅力を追求している黒毛和種の肥育農家は、Ａ３よりもＡ４、Ａ４よりもＡ５と、より高いランクで格付される牛を育てることを目標にします。同時に枝肉の重量が多いと取引価格が高くなるため、より大きく牛を育てることも目指します。

肥育農家にとって出荷する牛が商品だとすると、子牛の購入費は一種の原価です。原価に対して、より高く売れる商品を作って利益を上げるのは商いの基本です。肥育農家においても、その理屈は同じです。こうした経営面を踏まえて、肥育農家は自身が育てる牛のクオリティーを上げる努力をしてきました。

しかし、それが一筋縄ではいかないのが牛の肥育です。単に飼料を与えるだけで、理想のクオリティーの牛に育つのであれば簡単ですが、そうはいきません。生き物であり、個体差がある牛は、理想どおりに育つとは限らないのです。最終的な枝肉の格付や重量の結果は、育ててみないと分かりません。

そうした難しさがあるなかで、肥育農家はそれぞれの理想を追求しています。理想が高ければ高いほど、一定以上のクオリティーに育てることが難しくなりますが、こだわりと情熱をもってそれにチャレンジしている肥育農家がたくさんいるからこそ、日本のブランド牛は進化し、発展してきたのです。

二番手、三番手の子牛を最高ランクの牛に育て上げる

牛の肥育は一筋縄ではいきませんが、肥育方法の知恵と工夫、手間のかけ方によって、理想の牛に育つ確率を高めることができます。そのことを私に教えてくれたのが、師匠である長野県の「村沢牛」の村澤 勲氏です。「村沢方式」の肥育方法は、牛一頭一頭と向き合うことを大切にしながら、理想の牛をつくり上げていきます。まさに「牛づくり」という言葉がぴったりの肥育方法で、私もそれを継承してきました。

そんな私の肥育方法の大きな特徴は、「一番手ではなく二番手、三番手の子牛を最高ランクの牛に育てる」ことです。一番手というのは、能力が高いと判断された値段の高い子牛のことです。そうした一番手より、能力が劣るとされる二番手、三番手の子牛でも、最高ランクの牛に育てることができる肥育ノウハウを、村沢方式をベースにして築いてきました。約20カ月、日数にして約600日の肥育で、牛のポテンシャルを最大限に引き出し

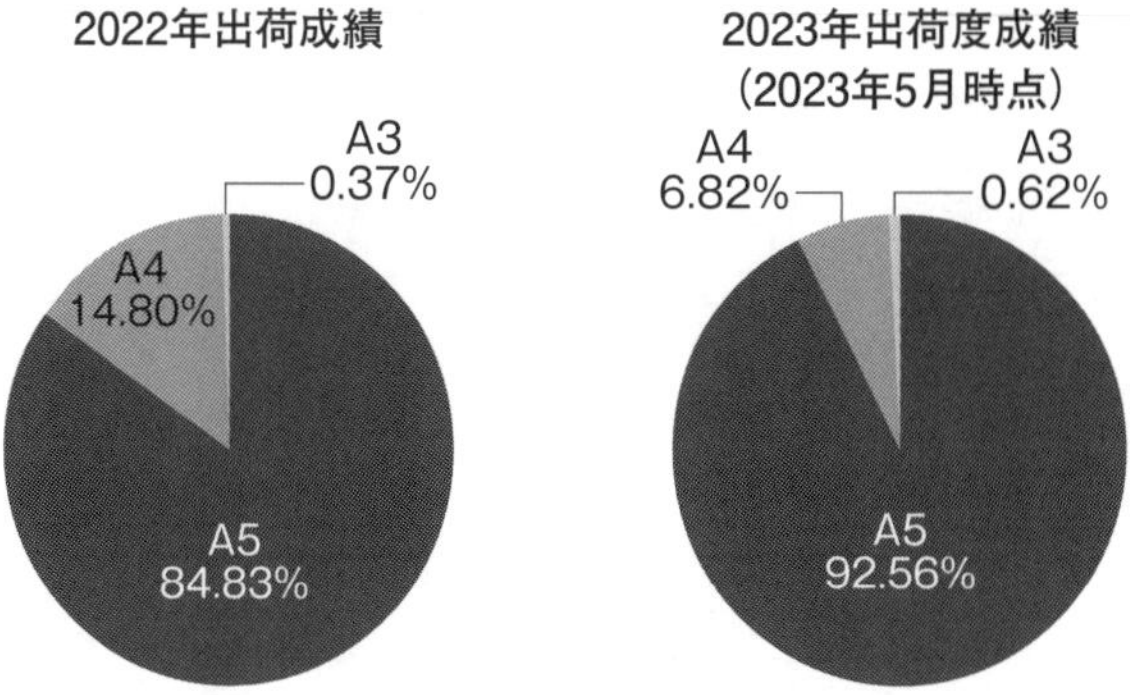

ていくのです。

その成果は実績にも表れています。私が代表を務める会社では、鹿児島県の阿久根市脇本にある脇本農場と、出水郡長島町にある長島農場で計１５００頭の牛を肥育しています。年間出荷数は約８００頭で、そのうち最高ランクのＡ５に格付された割合が、２０２１年実績で約87％（超早期出荷は含まず）を占めました。これは、同業者からも驚かれるほどの高い数字で、スタッフが頑張ってくれた結果でもあります。私が目指している牛づくりをしっかりと理解し、日々、牛一頭一頭と向き合ってくれている優秀なスタッフたちは〝日本一のスタッフ〟であると自負しています。

２０２２年は、品質にバラつきが出やすい雌牛の出荷（約１４０頭）も始めましたが、それでもＡ５の割合は約85%と、依然として8割以上の高い数字を維持しています。さらに翌年の2023年（2023年5月時点）の出荷実績は約93%と驚異的な数字になりました。

市場で実際の子牛の姿を見て素質を見極める

肥育農家の勝負は、セリの市場で購入する子牛を選ぶところから始まります。私は一番手ではなく、二番手、三番手の子牛を買いますが、能力が高いかどうかの素質を見極めることが大事なのは同じです。むしろ、誰が見ても能力が高そうな一番手よりも、二番手、三番手のほうが素質を見極めるのが難しい面もあります。

そうしたなかで素質を見極めるためには、血統だけでなく見た目も重要です。例えば、子牛の見た目とリストに記載されている体重を見比べて、見た目より体重が少ない子牛を選ぶということをします。逆に見た目より体重が多い子牛は、体の中に蓄えている脂肪の量が多い傾向にあり、私の肥育方法には適さないからです。できる限り子牛の初期の段階から自分の農場で肥育したいと考えているため、購入する前からすでに脂肪が多く、太っている子牛はあまり好みではないのです。そのため、購入する子牛の月齢も早めです。繁殖農家にも、できるだけ早い月齢で子牛を出荷してほしいと頼んできました。一般的には8〜10カ月齢ともいわれるなかで、私が購入する子牛は7〜8カ月齢が平均になっています。

また、セリの市場では実際に子牛を触ってみることもできます。その際、少し背中の皮を引っ張ってみます。パンパンに膨らんだ風船のように背中の皮が伸びにくい子牛ではなく、軽く引っ張っただけで背中の皮が伸びて、ゆとりが感じられる子牛のほうが大きく育ちやすいと判断できます。

ただし、これらはあくまでも私の考え方で、肥育農家によって好みの子牛のタイプは異なります。私の好むタイプとは異なる子牛であっても、別の肥育農家にとっては好みであるケースもあります。子牛の選び方にも、肥育農家のそれぞれの特徴が表れるのです。

私は子牛の買い付けを、与論島、徳之島、種子島などの離島を含む鹿児島県内の計7カ所の市場で行っています。長年通っているので、市場に来る肥育農家のそれぞれの好みも、おおよそ分かっています。子牛の好みが私と似ている肥育農家とは、セリでの価格の競い合いが白熱してしまうこともしばしばです。自分好みの子牛を買いたいのはやまやまですが、予算はオーバーしたくないというジレンマと葛藤しながら子牛を選んでいます。

「血統が良いから選ぶ」という単純な話ではない

子牛を選ぶ際に、血統をどれだけ重視するのかについても、簡単には答えが出ません。血統が良いとされる子牛を買って肥育すると、能力の高さを実感するケースが多いのは確かです。今は、血統などから算出された能力の推定値である育種価を基にした評価も参考にして血統の良さを判断することができます。血統が良いとされる子牛は購入価格が高くなる傾向にありますが、それは有望な子牛であることの証でもあります。

しかし、有望な子牛であっても、理想の牛に育つことが１００％保証されるわけではありません。血統が良いとされる子牛でも、実際に肥育してみると期待したほどの牛には育たないことがあります。しかも、子牛の購入価格が高いと、期待したほどの牛に育たなかったときの利益面でのマイナスが大きくなります。私が一番手ではなく、あえて二番手、三番手の子牛を買うのは、そうした経営リスクを避ける意味合いもあるのです。

肥育初期の「腹づくり」で「よく食べる牛」にする

牛の個体差は、おとなしい牛、気性が荒い牛などの性格面もありますが、肥育で特に重要なのは、よく食べるかどうかの個体差です。基本的に、よく食べることで体重も霜降りの度合いも増します。食が細い牛ではA5ランクにはならないのです。

そして、一番手の子牛は、もともとよく食べる傾向にあります。二番手、三番手になると、そうではない場合が多くなります。しかし、二番手、三番手の子牛でも、総じてよく食べるようにするノウハウが、私が継承した村沢方式にはあるのです。その大きなポイントが、肥育初期の「腹づくり」にあります。

牛は第1胃、第2胃、第3胃、第4胃の4つの胃を持つ反芻動物で、一度飲み込んで胃に入ったものを口の中に戻して咀嚼し、再び胃に戻して食べ物を消化します。そうした消化の工程で、最初に食べ物が入る第1胃は特に大事な役割を果たしています。この第1胃を屈強なものにし、よく食べる牛にするのが腹づくりのイメージです。

村沢方式では、最初の3カ月間は、ほぼ粗飼料だけしか与えません。最初から濃厚飼料を与えればすぐに大きくなりますが、あえてそれを控えます。最初は濃厚飼料ではなく、粗飼料でじっくりと腹づくりを行います。4カ月目からは濃厚飼料を与えますが、それも急に増やすのは厳禁です。4カ月目から8カ月目までの5カ月間をかけて、徐々に濃厚飼料の割合を増やしていきます。この計8カ月間の腹づくりによって、9カ月目以降は一定量の濃厚飼料をコンスタントに食べることができる牛にするのです。

ただし、これが口でいうほど簡単ではありません。よく食べるかどうかの個体差をカバーするには、一頭一頭と向き合うことが大切なのです。

「腹八分目」で徐々に量を増やしていくのがポイント

一頭一頭と向き合うというのは、例えば、お腹いっぱい食べさせないように気を配ることが挙げられます。たまたまその日はよく食べるからといってお腹いっぱい食べさせてしまうと、翌日はガクンと食べる量が減るなどしてしまいます。急に食べる量を増やすと、牛の胃袋が追いついていかないのです。

そのため、お腹いっぱいの腹十分目ではなく、腹八分目の量の飼料を食べさせることを目指します。毎日、腹八分目の量を完食させることができれば、1日に数十gずつのゆっくりのスピードであっても、食べる量が着実に増えていくのです。

しかし、当然ながら牛と言葉を交わすことはできません。牛が自分にとっての八分目の量を教えてくれるのであれば調整は簡単ですが、そうはいかないのです。しかも個体差があり、牛ごとに八分目となる量は異なります。同じ量の飼料が、腹九分目の牛もいれば、腹七分目の牛もいるのです。腹九分目は与えすぎになり、腹七分目だともっと食べることができるのに、その能力を十分に引き出せていないことになります。こうした個体差の見極めが非常に難しく、一頭一頭と丁寧に向き合わなければいけません。

とにかくお腹いっぱい食べさせるのであれば、大雑把に多めの飼料を与えることもできますが、腹八分目を狙うとなると、それはできません。それこそg単位での量の調整が必要になるのです。

また、濃厚飼料の割合を増やしていく肥育4カ月目から出荷までは、三頭部屋で牛を肥育します。飼曹と呼ばれるコンクリート製の飼料台に三頭分の飼料を置いて食べさせます。そのため飼料の量は部屋ごとに決めることになり、より注意深い調整が必要となります。

牛を「何頭部屋」にするのかも肥育農家によって異なる

私の農場では、ほぼ粗飼料しか与えない最初の3カ月のみ六頭部屋にし、それ以降は三頭部屋にしています。まだ子牛である最初の3カ月は、頭数が多いこともあり競い合って食べます。競い合って食べることで、食べる量が増える効果が期待できます。しかし、牛が大人になってくると競い合って食べる効果は徐々に減り、むしろよく食べる牛とそうでない牛の差が出るデメリットが大きくなるため、頭数を減らすのです。このデメリットをなくすには一頭部屋が理想ですが、それでは経営的に費用対効果がかなり悪くなってしまいます。そこで、比較的少頭数で、なおかつ費用対効果をクリアできる三頭部屋にしているのです。

ほかの生産者のなかには二頭部屋を採用しているケースもあり、よく食べる牛とそうでない牛の差を小さくするという点ではいいのですが、二頭部屋だと、性格的に強い牛と弱い牛の二者に分かれてしまいやすいのが難点です。三頭部屋であれば、弱い牛が強い牛から身を守るような感じで、もう一頭の牛の後ろに隠れたりすることもできます。成長して大人になるに連れて牛同士が張り合うようなことは減ってはきますが、そうした理由もあって私は三頭部屋を採用しています。

また、最初の3カ月の六頭部屋の時点で、どの牛とどの牛の相性がよいのかも何となく分かる場合があります。飼料を食べるとき、必ず隣同士になる二頭がいたりするのです。三頭部屋にするときは、そうした相性と体格を考慮して振り分けています。

「牛は手をかければかけるほど応えてくれる」

8カ月間に及ぶ腹づくりの具体的な数値目標は、9カ月目に入った時点で1日に約10kg強の濃厚飼料を食べることができる牛にすることです。仮にその目標を大きく下回ってしまった場合は、出荷するまでずっとほかの牛よりも食べる量が少ないままになってしまいます。8カ月間での腹づくりがうまくいかないと、9カ月目以降で改善するのは難しいのです。

そのため、腹づくりの期間は特に根気のよさが求められます。たとえあまりよく食べない日があったとしても、それに合わせてその日の食事量を減らそうと簡単にあきらめることはできません。牛一頭一頭と向き合いながら、1gでも多く食べてもらう努力をします。そうやって手をかけると、不思議と食べてくれるのです。

また、腹づくりの期間に限らず、少しでも多く食べてもらうのに効果的なのが、飼曹の上に散らばっている飼料を寄せ集めるひと手間です。飼料は基本的に朝と夕方の2回、肥育後期は1日3回与えますが、その都度、牛の食べ残しが飼曹のあちこちに散らばります。これを寄せ集めると、やはり不思議と食べてくれるのです。そのため手間はかかっても1日4～5回はこの寄せ集めを行うようにしています。

そして、牛が飲む水が入っている容器をこまめにきれいにすることも心掛けるべきことの一つです。今は、水の量が減ったら自動的に注水される便利な機器があり、私もそれを各部屋に設置していますが、だからといって何も手をかけなくてよいわけではないのです。牛が何度か水を飲むと、容器の中に食べかすが溜まってきます。それを、きれいに取り除いてやるのです。

汚れていないきれいな水を飲みたいと思うのは、牛も同じだろうと考えて実践していることですが、実際に容器の中をきれいにすると牛が寄ってきて水を飲むことがよくあります。牛が飼料を食べるときには水が欠かせないため、これもよく食べさせるためのひと手間になっています。

牛の肥育は常に期待した結果が出るわけではありません。その方法に明確な答えはないとも思っています。それでも、「牛は手をかければかけるほど応えてくれる」といわれるのが肥育の世界です。私もその信念が揺らぐことはなく、スタッフたちにも一頭一頭と向き合い、ひと手間を疎かにしないことの大切を伝えています。

牛のストレスを軽減する取り組みにも注力

牛の肥育は、いってみれば、牛舎に閉じ込めて牛を飼うということです。閉じ込められた牛はストレスを感じているに違いありません。そのストレスを少しでも軽減することにも注力しています。

牛のストレスは肉質に与える影響も小さくないと私は考えています。例えば、肉の色が悪くなってしまう要因の一つがストレスにあるのではないかと推察しています。理想の肉の色が桜色だとすると、それよりもくすんだ赤色になってしまう場合が見られるのです。

さらに、理想の肉質は「からっとしている」と表現されますが、逆に水っぽくなってしまう要因の一つも、ストレスにあるのではないかと考えています。

また、ストレスを軽減すると牛の食欲は増します。リラックスしているとよく食べ、よく寝るというのは経験上間違いありません。一口でも多く飼料を食べさせることが肥育の秘訣であるという点においても、牛のストレス軽減は重要なのです。

牛舎の床の管理については、ストレス軽減のために最も重視しています。牛舎の床は牛にとっては寝床にもなります。それだけに少しでも状態の良い床にしようと、新たな手法も取り入れてきました。

それが、酵素の効果で牛の排泄物を分解する製品の活用です。牛舎の床として用いる鋸くずにこの製品を混ぜると、酵素の効果で排泄物が分解されるのです。以前は、牛の排泄物で床の高さが徐々に上昇していました。もともとは高さ20㎝程度の床が30㎝程度まで上昇し、そうなると排泄物によるジメジメした状態もかなり悪化しているため、床全体を取り換えていました。しかし、この酵素製品を使い始めてからは、排泄物が分解されているので床の高さがあまり上昇しません。排泄物でジメジメした状態になるのを極力防いでおり、実際に床全体を取り換える頻度も減りました。

この製品の酵素は、床全体をかき混ぜることで活性化します。そこで、トラクターのような機械で定期的に床を耕すようにしてかき混ぜます。牛を部屋の片側半分に寄せて、左右交互に床をかき混ぜるのです。製品の購入コストは決して安くはなく、定期的に床をかき混ぜる手間も増えましたが、以前より格段に状態の良い床になり、牛のストレス軽減に大きく寄与していると考えています。アンモニア臭などの排泄物の臭いも大幅に減り、その点でも環境改善につながりました。

また、私の会社では、牛の排泄物から堆肥を生産する取り組みも行っています。地元のジャガイモ農家の人たちに、「おたくの堆肥を使うと収穫量が上がる」と喜ばれています。

「人の手で牛の全身をブラッシング」にこだわる

定期的なブラッシングも、牛をリラックスさせるための取り組みとして大事にしています。牛はかゆいところがあっても、自分でかくことはできません。牛の全身をブラッシングするとうれしそうな目になります。

それは牛の世話をしているスタッフたちにとってもうれしい瞬間です。牛が喜んでいるのが伝わるとかわいくて、まるで実の子や孫にそうするかのように、ついつい声に出して牛に話しかけてしまうような感じです。また、そういったコミュニケーションの面で重要であるだけでなく、牛を守るためにも必要です。牛はかゆいところがあると、柵に体をこすりつけて体を傷つけてしまうこともあるため、それを防ぐためにも定期的なブラッシングは重要なのです。

また、気が小さくて怖がりな牛は、なかなか人に慣れません。人に慣れないことがストレスになって、飼料をあまり食べない原因にもなります。しかし、何度となくブラッシングをしているうちに、だんだん人にも慣れてきて、飼料をよく食べるようになります。そうした経験を数えきれないほどしてきたので、ブラッシングには強いこだわりをもっています。

というのも、牛が背中をかくだけなら、専用の道具もあるのです。柵の柱などに取り付けておくと、そこに牛が自分で背中を当てて、こすることができる道具です。牛の成長に合わせて高さを調整することもできるようになっています。とても便利な道具ですが、牛が背中だけしかかくことができず、それを使うと牛とのコミュニケーションの機会が減ってしまうため、人の手で牛の全身をブラッシングすることにこだわっています。

オルゴール調の音楽を流して牛の寝姿が変わった

日本の酒蔵のなかには、酒造りにクラシック音楽を活用しているところがあります。人間にとって心地よい音楽は、酒にも良い影響を与えるのではないかという発想でクラシックを流しているそうです。

この話をヒントにして、私は牛舎でオルゴール調の音楽を流すことにしました。最初は酒蔵と同じクラシック音楽にしようと思ったのですが、クラシックは始まりが静かな曲調でも、突然、ドドーンと激しい曲調になって盛り上がることが少なくありません。それでは、牛をびっくりさせてしまいます。そこで、一定の調子で優しい音色を奏でるオルゴール調の音楽にしました。主にオルゴール調の歌謡曲を流しています。

オルゴールの音色が、どれだけ牛のストレス軽減につながっているのかは、私にもはっきりとは分かりません。それでも、オルゴール調の音楽を流すようになって、牛の寝姿が変わりました。前よりも、寝ているときの表情などが穏やかな感じなのです。やはり牛にとっても、オルゴールの音色は心地よいのだと思います。

牛の命を無駄にしないために「防げることは防ぐ」

私たちは牛の命をあずかって仕事をさせてもらい、牛の命をもらって生活をさせてもらっています。その感謝の気持ちを忘れたことはありません。スタッフとも同じ思いを共有しています。そうした思いもあって、スタッフと話すときや農場で牛に接するときなどは、「牛」ではなく「牛さん」と呼んでいます。

防げる事故や病気で牛を死なせてしまうのは、命を無駄にしてしまうことです。それはあってはならないという思いで夜の見回りなどを大切にし、スタッフ一人ひとりの牛を見る目も養ってきました。それによって肥育途中での死亡率は、比較的低い数値である1％以下に抑えています。突然の心臓麻痺など防ぐのが難しいケースもありますが、「防げることは防ぐ」を合言葉にして、事故防止や病気の早期発見に努めています。

例えば、肥育している牛の死亡原因として多いのが、夜中に寝ているときに立ち上がれなくなって心臓が圧迫され、そのまま死んでしまうケースです。少し斜めになっている場所で寝たことなどがきっかけで立ち上がれなくなりますが、そうなると胃にガスが溜まってますます立ち上がれなくなり、最終的に心臓が圧迫されてしまうのです。人手がかかっても夜の見回りを行う目的の一つは、この事故を防ぐためです。

起き上がれなくなっている牛を見つけた場合は、牛の角にロープを巻いて起き上がらせるなどの対処法がありますが、とにかく時間との勝負です。朝気づいたら死んでいたということにならないようにしなければなりません。手遅れになる前に発見して対処することが重要であるため、夜の見回りでは起き上がれなくなっている牛がいないかどうかを注意深く見るようにしています。

また、牛も風邪を引きます。最悪の場合は肺炎になって死んでしまうこともあるため、風邪の早期発見も重要です。熱が出ているようなら、早く薬を処方するなどしなければなりません。しかし、微熱程度ではそれを見抜くのが難しいのが牛です。

牛の体温は肛門に体温計を入れて測り、平熱は38・5度程度で、39度前後が微熱ですが、なかには多少の高熱であっても元気に動き回っている牛もいます。40度を大きく上回る高熱で具合が悪そうであれば、すぐに分かりますが、微熱だと発見が難しいのです。それでも、牛を見る目を養えば、微熱であってもある程度は分かるようになります。人間でいうところの「顔色が悪い」という意味合いで、私は「あの牛は相が違う」といいますが、「牛の相」の細かな変化などから、風邪だけでなくほかの病気も早期発見できるように努めるのです。このように牛を見る目も養うことが非常に大事なのが肥育です。

ほかにも、牛が暴れて柵に体をぶつけ、腫れてしまうケースがあります。そうしたときは早期治療が必須です。消炎剤や冷却スプレーなどを用いて治療します。放っておくと、その部分が枝肉になったときに壊死した状態で残ってしまうこともあるため、それを防ぐ意味でも早期治療が欠かせません。病気の種類や怪我の程度によっては、すぐに獣医を呼んで診てもらいます。

また、何らかの治療を行うときは、できるだけ短時間で済ませることも心掛けます。治療中は、動きたがる牛を動かさないように保定するため、その時間が長いと牛のストレスになってしまうからです。しっかりと治療を行うことが最優先であるため必要な時間は十分にかけなければなりませんが、少しでもストレスを軽減するために、そうした心掛けも大切にしています。

牛の足元を安定させるために必須の「削蹄《さくてい》」

牛の肥育では、「削蹄」も欠かせません。人間でいうところの爪切りです。牛の蹄を、定期的に切削して形を整えるのです。私の肥育農場では、削蹄師に頼んで肥育6カ月目と12カ月目に行っています。

削蹄が大事なのは、牛の蹄は体を支える大元の部分だからです。特に私が肥育している黒毛和種は800kg以上に育ち、大きい牛だと1tを超えます。蹄は、その大きな体を支える大事な部分なのです。

蹄の状態が悪いと牛は歩きづらくなり、場合によっては足が変形してしまうケースもあります。そのため削蹄では、無駄に伸びすぎた部分を切ります。牛の蹄には「白線」と呼ばれる線があり、その外側は神経がありません。白線の外側の無駄に伸びた部分を切りそろえていきます。神経がある内側の部分を切ってしまうと、いわゆる深爪になって血が出てしまうこともあるのは人間の爪と同じです。

一方で、人間の爪と違うのは、牛の蹄は底の部分を削る必要があることです。放っておくと牛の蹄の底の部分は、膨張するような感じで丸みを帯びてきます。丸みが大きくなると、足元が非常に不安定になるため、この底の部分を平らに削ることが大事なのです。牛の削蹄でいちばん重要なポイントです。

ちなみに削蹄を専門に行う削蹄師には、主に二つのタイプがあります。一つは、「手切り」と呼ばれている手作業がメインの削蹄師です。鎌タイプや鉈《なた》タイプの切削道具を使って削蹄を行います。もう一つは、グラインダーを用いて削蹄するタイプです。グラインダーを用いる場合は、牛を保定するための専用機器も使われます。私の農場では1回の削蹄が約300頭（2日間に分けて行う）と比較的頭数が多いため、機械を用いてよりスピーディーに削蹄を行う後者のタイプの削蹄師に頼んでいます。

肥育農場の「衛生管理」も大きくレベルアップ

私が肥育の仕事に携わるようになった30年以上前に比べると、肥育方法はさまざまな面で進化を遂げています。飼料の内容や牛舎の床がそうですが、もう一つ、私が特に進化を実感しているのが衛生管理です。消毒液一つとっても、目的や使い方に応じたさまざまなタイプのものが開発され、消毒液の散布も便利な動力噴霧器で行うことができるようになりました。ひと昔前に比べると、肥育農場の衛生管理は大きくレベルアップしています。

2010年に宮崎県で発生した口蹄疫も契機になりました。口蹄疫ウイルスは非常に感染力が強く、宮崎県で発生した口蹄疫では29万頭にも及ぶ家畜が殺処分となりました。それ以降、肥育農家は衛生管理をいっそう強化するようになったのです。

私の農場でも、現在は一日数回（季節で回数を調整）、場内全体を消毒しています。希釈した消毒液を、動力噴霧器で細霧にして場内全体に散布します。場内だけでなく、農場入口でも全車両を細霧で消毒する設備を設けています。

さらに、衛生管理の観点から、基本的に農場は関係者以外立ち入り禁止にしています。スタッフは農場の入退場時と牛の各部屋の出入時に、必ず靴裏を消毒します。来診する獣医が履く長靴も、当農場専用のものを使ってもらっています。獣医はいくつかの農場を回っているため、万が一、ほかの農場からの感染ウイルスなどの流入があってはならないからです。毎日の清掃の徹底だけでなく、こうした場内全体の衛生管理の仕組みを構築してきました。

また、衛生管理の強化につながる新製品の情報も常にチェックしています。例えば、最近では、ハエの駆除に効果的な新製品を導入しました。細霧にして散布するタイプの製品で、牛への害はなく、ハエだけに効くように作られた製品です。これを使うようになってから、ハエが激減しました。人間だけでなく牛もハエを嫌がるので、牛のストレス軽減にもつながっています。

季節ごとの難題に対処しながら肥育方法を工夫

牛の肥育方法においては、季節ごとの工夫も欠かせません。例えば、牛が風邪を引きやすいのは急に寒くなる秋から冬にかけてです。牛舎で風邪が流行するときは、最初に風邪を引いた牛がいる部屋から隣の部屋へ、そしてまた隣の部屋へと蔓延していきます。そうなると防ぎようがないときもありますが、できるだけ流行させないためにも、熱が出ている牛を早期発見することが秋から冬にかけては特に大切になります。

そして、一年のなかで最も肥育が難しいのが夏場です。牛にも夏バテのような症状があり、食べる飼料の量がガクンと減ってしまうことが少なくないのです。私の農場がある鹿児島県の夏は非常に暑いこともあり、牛の夏バテ防止には特に気を使わなければなりません。そのための設備として大型の送風機を牛舎に設置し、暑い日でも結構涼しく感じられるかなりの風量で送風しています。

涼しくすることだけを考えるなら冷房完備が理想ですが、それだと電気代が尋常ではない金額になってしまい、現実的ではありません。同時に衛生的にも閉め切られた空間はあまり好ましくないため、最善策として大型の送風機を活用しています。さらに、冷たい水で希釈した消毒液の散布は、牛の体を冷やす効果もあります。そうした理由もあり、夏場は消毒液の散布回数も増やしています。

また、食欲が落ちる夏場はビタミンを与えることもします。実は、牛がビタミンを多く摂取するとサシが入りづらくなり肉の色も悪くなるため、特に肥育の中期から後期にかけてビタミン摂取量を制限するのですが、ビタミンが不足すると牛の体力が低下し、食欲も落ちるというマイナス面もあります。そこで、食欲が落ちやすい夏場は、肥育の中期や後期であっても必要であればビタミンを与えているのです。

そして、夏場にビタミンを与えるのは、ひと昔前とはビタミンコントロールのやり方が変わったことも理由です。私も以前は、肥育の中期、後期はほとんどビタミンを与えないようにしていましたが、牛の改良によって大きく育つ牛が増えたことで、やり方を変える必要が出てきました。大きく育つようになった牛は、体力を維持するためのビタミンもより必要とするのです。

ビタミンがサシの入り方や肉の色に悪影響があること自体は今も変わっていないため、与える量の加減は難しいところですが、日々、牛一頭一頭の食欲や体調をチェックしながら、その最適量を見いだすのも重要な肥育ノウハウの一つです。

600日の毎日の積み重ねが「おいしい」をつくる

牛の体調も食欲も日々変化します。そのため、肥育の仕事はある意味で毎日が勝負です。また、肥育農場がある程度の規模になれば、スタッフのチーム力も非常に重要になります。私の農場でも「どんな細かい点も見逃さない」というプロ意識をもって牛の変化を敏感に感じとること、そして、農場長を中心にスタッフみんなが同じ意識をもって働きしっかりと情報共有することを大切にしています。

特に牛の日々の変化を発見するには、できるだけ多くの人の目でチェックするに越したことはありません。飼料係であっても、床の管理の係であっても、単にルーティンの仕事をこなすのではなく、ことあるごとに牛の様子を見るようにしています。例えば、散らばっている飼料を寄せ集めるために各部屋を回る際も、その都度、牛の様子をチェックします。飼料の寄せ集めは1日4、5回行うため、それだけチェックの回数も増えて牛の変化に気づきやすくなるのです。

牛づくりは「ここまでやればいい」ということはなく、いくらでも手をかけることができます。それだけ大変でもありますが、やったことが結果として表れるため、やりがいもあります。そして、私たちにとって最も大きな励みになる結果は、「石原牛はおいしい」と言ってもらうことです。食べた人においしいと言ってもらうために、約600日にわたる肥育期間の一日一日を丁寧に積み重ねています。こうした肥育に懸ける思いが、おいしい牛肉を生み出していることを、食べ手の人たちにもっと知ってもらうことができれば、生産者の一人としてこれほどうれしいことはありません。

［第4章］

ブランド牛それぞれの味の違い
牛肉のランク（等級）の意味を理解し、
自分好みの味と出合う

等級のA・B・Cは量の判定で味とは関係ない

牛肉の品質を判断するための基礎知識を身につけておくと、全国各地のブランド牛の味の違いを楽しむ際にも役に立ちます。

まず、A5やA4というランクで知られる牛肉の格付については、公益社団法人 日本食肉格付協会が農林水産省の承認を得て制定した「牛枝肉取引規格」に基づき、全国の食肉卸売市場などで実施しています。この格付を全国共通の品質指標にすることで、公正な取引や適正な価格の形成などに寄与することを目的としています。

簡単にいえば、格付のランクが上がれば取引価格も上がるという分かりやすい制度です。生産者にとっては重要な指標ですが、この格付がどのようにして決められているのかは、一般的にはあまり知られていません。

牛肉の格付は、「歩留等級」と「肉質等級」によって決まります。歩留等級にはA～Cの3等級があり、肉質等級には5～1の5等級があります。この二つの評価を組み合わせて、A5やA4、B5やB4などの格付が決まるのです。歩留等級と肉質等級は、枝肉の

歩留等級

等級	歩留基準値	歩留
A	72以上	部分肉歩留が標準より良いもの
B	69以上72未満	部分肉歩留の標準のもの
C	69未満	部分肉歩留が標準より劣るもの

出典：公益社団法人日本食肉格付協会「牛枝肉取引規格」

第6～第7肋骨間、業者がロース芯などと呼ぶ場所の切断面から判定されます。

一般の人たちが、何の評価なのか特にイメージしにくいのが歩留等級です。歩留等級は「部分肉歩留が標準より良いもの」が最高ランクのA、「部分肉歩留が標準のもの」がB、「部分肉歩留が標準より劣るもの」がCと評価されますが、これだけでは少し分かりにくいと思います。まず、この評価基準にある「部分肉」とは、枝肉から骨などを取り除いた大きな肉の塊のことです。部分肉からさらに余計な脂やスジを取り除いたものが「精肉」で、精肉店やスーパーなどで販売されているものがこれにあたります。枝肉の70％前後が部分肉、部分肉の80％前後が精肉になるといわれます。仮に枝肉が500kgであれば、部分肉は350kg前後、精肉は280kg前後になるということです。

歩留等級は、枝肉に占める部分肉の割合（歩留）が高いほど、ランクが高くなります。簡単にいえば、食肉として利用できる割合が多いかどうかの評価です。つまり、基本的に味とは関係ありません。何となく「A５よりもB５は味が落ちる」という印象になりがちですが、そういうことではないのです。

また、和牛では歩留等級がBやCになるケースは少数です。公益社団法人 日本食肉格付協会の２０２１年の格付結果（全国平均）の資料によれば、和牛全体の89・３％がA等級で、B等級は９・４％、C等級はわずか１・３％にすぎません。和牛の肉を購入する際には、そもそも歩留等級がBやCの肉に出合う確率は低いのです。特に肉質等級が最高ランクの５等級の和牛は、ほとんどが歩留等級もAです。

一方、和牛だけでなく乳用種や交雑種も含めた全体では、A等級が49・８％、B等級が33・３％、C等級が17・０％と差が縮まります。そのため、和牛以外の品種の肉ではB等級やC等級の肉に出合うケースは増えますが、その場合もA・B・Cはあくまでも量に関する評価であって、基本的に味とは関係ないものです。

霜降りの程度を味わいの参考にできる肉質等級

格付の肉質等級は、その名のとおり肉質の評価になります。「脂肪交雑」、「肉の色沢」、「肉の締まり及びきめ」、「脂肪の色沢と質」の4項目で5～1の肉質等級が決まります。ただし、4項目の総合点で決めるわけではありません。4項目もそれぞれが5～1の5段階評価になっており、この4項目の評価で最も低い数字が肉質等級のランクになります。仮に4項目のうち3項目が5の評価であっても、1項目が4の評価であれば肉質等級は4になります。最高ランクの5等級は、4項目の評価がオール5でなければなりません。

4項目の評価基準として、サシの入り具合を示す「脂肪交雑」は「かなり多いもの」が5、「やや多いもの」が4、「標準のもの」が3、「やや少ないもの」が2、「ほとんどないもの」が1です。「肉の締まり及びきめ」は、「締まりがかなり良いもの・きめがかなり細かいもの」が5、「締まりがやや良いもの・やや細かいもの」が4、「締まり及びきめが標準のもの」が3、「締まり及びきめが標準に準ずるもの」が2、「締まりが劣るもの・きめが粗いもの」が1です。「肉の色沢」と「脂肪の色沢と質」は、「かなり良いもの」が5、

肉質等級

等級	脂肪交雑	肉の色沢	肉の締まり及びきめ	脂肪の色沢と質
5	胸最長筋並びに背半棘筋及び頭半棘筋における脂肪交雑がかなり多いもの	肉色及び光沢がかなり良いもの	締まりはかなり良く、きめがかなり細かいもの	脂肪の色、光沢及び質がかなり良いもの
4	胸最長筋並びに背半棘筋及び頭半棘筋における脂肪交雑がやや多いもの	肉色及び光沢がやや良いもの	締まりはやや良く、きめがやや細かいもの	脂肪の色、光沢及び質がやや良いもの
3	胸最長筋並びに背半棘筋及び頭半棘筋における脂肪交雑が標準のもの	肉色及び光沢が標準のもの	締まり及びきめが標準のもの	脂肪の色、光沢及び質が標準のもの
2	胸最長筋並びに背半棘筋及び頭半棘筋における脂肪交雑がやや少ないもの	肉色及び光沢が標準に準ずるもの	締まり及びきめが標準に準ずるもの	脂肪の色、光沢及び質が標準に準ずるもの
1	胸最長筋並びに背半棘筋及び頭半棘筋における脂肪交雑がほとんどないもの	肉色及び光沢が劣るもの	締まりが劣り又はきめが粗いもの	脂肪の色、光沢及び質が劣るもの

出典：公益社団法人日本食肉格付協会「牛枝肉取引規格」

「やや良いもの」が4、「標準のもの」が3、「標準に準ずるもの」が2、「劣るもの」が1です。

そして、ここで重要なのが、肉質等級も味の評価ではないということです。格付は試食して行うわけではなく、目視で判断するため、あくまでも見た目の評価でしかありません。そのため、「最高ランクのA5はいちばんおいしいと評価された肉」と考えるのは正しくありません。

しかし、肉質等級が味わいを判断する基準として参考にならないわけではありません。肉の味わいに大きく影響するサシの入り具合が評価されているからです。5等級であれば、サシがかなり多いと評価されたことが分かるため、霜降りのおいしさを楽しみたい人にとっては、よりおいしい肉である可能性が高くなります。さらに、「肉の締まり及びきめ」も、締まりが良いと肉質がしっとりとし、きめが細かいと肉質が柔らかい傾向にあります。5等級であれば、そうしたおいしさもより期待できることになります。

また、味だけでなく、見た目が良いに越したことはありません。5等級であれば、「肉の色沢」と「脂肪の色沢と質」の評価で、見た目についてもお墨付きをもらった形になります。牛肉は枝肉から精肉になるまでの熟成具合などによっても肉質が変わりますが、もともとの素材として、そうした高い評価を得ているのが5等級の牛肉です。

一方、4等級以下の牛肉については、少しややこしい面があります。肉質等級を決める4項目のうち、どの項目の評価が低かったためにその等級になったのかを消費者に説明しているケースはあまりないからです。つまり、サシの入り具合への評価が低いのであれば味わいに関わりますが、サシは5等級で見た目の評価が低かったという場合でも、同じ等級表示になってしまうのです。

ただし、私の経験からいって、4等級であれば「脂肪交雑」の評価も4であるケースが多くなっています。そのため、4等級や3等級であれば、5等級の牛肉よりもサシが少ないという判断をしても大きな問題はないと思います。霜降りのおいしさをそれほど求めていない人であれば、5等級よりもサシが少ない4等級や3等級のほうが自分の好みかもしれないという考えで肉を選んでも、決して間違いとはいえないのです。

同じA5でも「B.M.S.」の数値には差がある

A~Cの歩留等級が味に関係がなくても、一般にA5と表示されている牛肉は、サシの入り具合などが最高ランクの評価を得たものであることに違いはありません。その点で、A5の牛肉は高級です。しかし、高級だから希少かというと、実際にはそうともいえません。

公益社団法人 日本食肉格付協会の2021年の格付結果（全国平均）の資料によれば、和牛全体の約46%がA5です。現在は格付を行った和牛の約半分が、最高ランクのA5を獲得しているのです。それだけ和牛のレベルが上がっているということですが、A5が約半分も占めるとなると、さらに細かい評価基準が求められることになります。

ランク別格付頭数（2021年）

性別	A-5	A-4	A-3	A-2	A-1	A計
めす	75,885.0	55,565.0	21,264.5	12,146.0	42.0	164,902.5
去勢	139,540.5	84,538.0	22,667.0	3,569.5	7.0	250,322.0
おす	1.0	1.0		22.0	23.0	47.0
計	215,426.5	140,104.0	43,931.5	15,737.5	72.0	415,271.5
性別	B-5	B-4	B-3	B-2	B-1	B計
めす	1,402.0	4,638.0	6,628.5	18,949.0	1,223.5	32,841.0
去勢	1,623.0	4,342.0	3,059.0	1,844.5	68.0	10,936.5
おす			1.0	26.0	40.0	67.0
計	3,025.0	8,980.0	9,688.5	20,819.5	1,331.5	43,844.5
性別	C-5	C-4	C-3	C-2	C-1	C計
めす	13.0	41.0	91.0	1,178.0	3,836.5	5,159.5
去勢	18.0	19.0	47.0	175.0	484.0	743.0
おす				1.0	55.0	56.0
計	31.0	60.0	138.0	1,354.0	4,375.5	5,958.5

出典：公益社団法人日本食肉格付協会「牛枝肉格付結果2021年次」

ランク別構成割合（2021年）

性別	A-5	A-4	A-3	A-2	A-1	A計
めす	37.4	27.4	10.5	6.0	0.0	81.3
去勢	53.3	32.3	8.7	1.4	0.0	95.5
おす	0.6	0.6		12.9	13.5	27.6
計	46.3	30.1	9.4	3.4	0.0	89.3
性別	B-5	B-4	B-3	B-2	B-1	B計
めす	0.7	2.3	3.3	9.3	0.6	16.2
去勢	0.6	1.7	1.2	0.7	0.0	4.2
おす			0.6	15.3	23.5	39.4
計	0.7	1.9	2.1	4.5	0.3	9.4
性別	C-5	C-4	C-3	C-2	C-1	C計
めす	0.0	0.0	0.0	0.6	1.9	2.5
去勢	0.0	0.0	0.0	0.1	0.2	0.3
おす				0.6	32.4	32.9
計	0.0	0.0	0.0	0.3	0.9	1.3

出典：公益社団法人日本食肉格付協会「牛枝肉格付結果2021年次」

脂肪交雑の等級区分

等級		B.M.S. No.	脂肪交雑評価基準
5	かなり多いもの	No.8 ～ No.12	2^+ 以上
4	やや多いもの	No.5 ～ No.7	1^+ ～ 2
3	標準のもの	No.3 ～ No.4	1^- ～ 1
2	やや少ないもの	No.2	0^+
1	ほとんどないもの	No.1	0

出典：公益社団法人日本食肉格付協会「牛枝肉取引規格」

そうしたなかで、最近は消費者の間でも徐々に注目度が高まっているのが「B．M．S．（ビーフ・マーブリング・スタンダード）」です。肉質等級の「脂肪交雑」の評価基準として用いられるのがB．M．S．で、サシの入り具合を№1～№12の12段階で評価します。数字が大きくなればなるほどサシが多いという評価です。この評価で№8～№12が、サシが「かなり多いもの」として肉質等級の「脂肪交雑」で5の評価を受け、以下は№5～№7が3、№3～4が2、№2が2、№1が1と続きます。

つまり、同じA5でも、B．M．S．の数値は№8～№12までの差があるのです。№10と№11のように1段階の違いではなかなか見分けがつきませんが、№8と№12では結構な差があります。サシの多さでいえば、A5のなかでも最高峰の霜降りが№12なのです。

私が生産している石原牛も、B．M．S．の数値を重視しています。霜降りの肉質を追求し、とろける和牛であることを魅力にしている石原牛は、B．M．S．もより高い数値を目指しているのです。実際に2021年の実績では出荷した牛の約26％が№12を獲得しました。№11は約17％、№10は約16％で、№10以上が50％を超えています。霜降りの魅力を追求している肥育農家としては誇らしい実績です。

ただし、B．M．S．の数値が高ければ優れた牛肉であると決めつけるつもりは毛頭ありません。サシの多さを求めれば№12が最高峰ですが、そこまでサシは必要ないという人にとっては№8や№9がちょうどよいかもしれないのです。あくまでもサシの多さの違いを、より細かく評価したものがB．M．S．だということです。

脂肪交雑基準（B．M．S.）

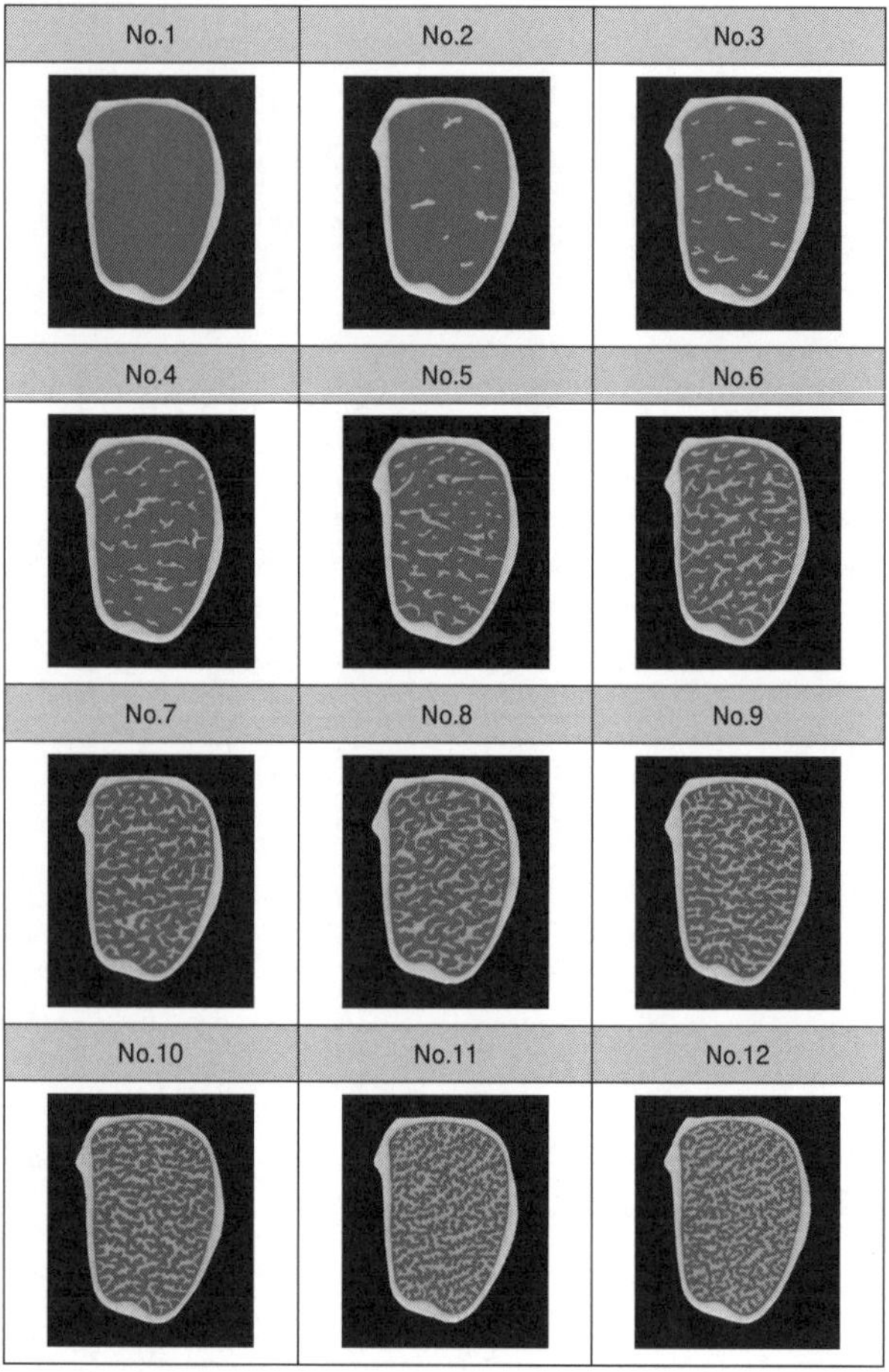

出典：公益社団法人日本食肉格付協会「牛枝肉取引規格」

「ブランド牛戦国時代」の差別化のポイントに

ブランド牛は、A4以上やA3以上といった格付の基準を設けていないケースも多くあります。A3以上という条件を設けている和牛であれば、購入する際にA3かA4かA5か分からないということでもあります。そう考えると、格付の等級の知識が役立つ機会は、思ったほどには多くないともいえるのです。さらに、B.M.S.の数値をブランドの基準にしているケースは少数です。格付の等級以上に、B.M.S.の知識がすぐに役立つ機会はあまりありません。

しかし、ブランド牛に興味をもっていろいろと調べるようになれば、格付の等級やB.M.S.の知識が必要になる場面がきっと増えます。また、焼肉店やステーキ店の牛肉のこだわり方は多様化しているので、店によって、A5の雌牛しか使っていないとか、あえてA4の牛肉を使っているとか、仕入れ業者に頼んでB.M.S.まで指定しているとかいったように、それぞれの個性を楽しむうえで指標になります。

そして、ブランド数が300を超える「ブランド牛戦国時代」ともいえるなかで、今後はこれまで以上に格付の等級やB．M．S．の数値にこだわって差別化を図るブランド牛が増えても不思議ではありません。

「不飽和脂肪酸」の含有量による「脂の質」の向上

和牛霜降り肉が一般化するなかで、今非常に注目されるようになっているのが「脂の質」です。サシの多い少ないは脂の量の優劣ですが、それだけでなく脂の質も吟味される時代になってきたのです。これは多くの日本人が、霜降り肉を食べ慣れた結果ともいえます。霜降り肉に対して舌の肥えた人が増えるなかで、サシの多さだけでなく、脂の質でもよりおいしさを感じてもらうことが必要になってきたのです。

そうしたなかで、重要なキーワードになっているのが不飽和脂肪酸です。牛肉の脂にはオレイン酸、α-リノレン酸などの不飽和脂肪酸が含まれます。その含有量が多いと、脂が溶け出す温度の融点が下がり、口溶けのよい、しつこくない脂になるといわれます。そうした上質な脂を目指して、不飽和脂肪酸の含有量に着目する動きが広がっているのです。

ブランド牛においても、不飽和脂肪酸の多さを魅力として打ち出すケースが目立ってきています。なかには、「鳥取和牛オレイン55」（鳥取県）のように、ブランド名でも不飽和脂肪酸のオレイン酸にこだわっていることをアピールしているブランド牛もあります。

公益社団法人 全国和牛登録協会が主催する全国和牛能力共進会でも、2022年の鹿児島開催で、不飽和脂肪酸に着目した出品区が新たに設けられました。全国和牛能力共進会は5年に一度開催され、和牛のオリンピックともいわれる一大イベントで、種牛の姿・形を審査する出品区から、肉の状態で品質を審査する出品区までがあります。この肉の状態を審査する出品区において、不飽和脂肪酸に着目して脂の質が評価されたのです。和牛改良の促進を目的とした全国和牛能力共進会で、こうした出品区が設けられたことから、今後はサシの量だけでなく脂の質にも重点を置いた牛の改良がさらに進むと思われます。

私が生産する石原牛も、脂の質に非常にこだわっています。もっといえば、霜降り肉のおいしさを左右するいちばんのポイントが脂の質にあると考えています。飼料の配合を今でも改善し続けているのは、脂の質を向上させることが大きな目的の一つです。

これは私の身近で実際にあったエピソードですが、石原牛を提供するために福岡に出店している焼肉店を訪れた高齢の女性が、最初は「霜降り肉はしつこいので、ちょっとだけでいい」と言っていたにもかかわらず、一枚食べるとそのおいしさに感激し、結局、息子夫婦以上にたくさんの霜降り肉を平らげたのです。脂が苦手といわれる高齢の人でも、おいしく食べてもらえる霜降り肉が提供できたことに喜びと誇りを感じましたが、同時に、やはり脂の質にはそれだけの違いがあるのだと実感させられました。

数年前には、食品の分析を行う会社に頼んで、石原牛の不飽和脂肪酸の含有量も調べました。すると、石原牛はα－リノレン酸が標準値の3倍強であることが分かったのです。この点が、しつこくない脂の要因の一つになっているのではないかと考えています。

牛肉の不飽和脂肪酸の含有量を増やす方法については、まだ科学的に解明されているわけではありません。私もまだ試行錯誤の途中ですが、生産者として追求しがいのあるテーマだと感じています。

霜降り肉のサシにも「小ザシ」と「粗ザシ」がある

霜降り肉のサシについては、「小ザシ」、「粗ザシ」と呼ばれるサシの入り方の違いもあります。小ザシとは、切断した肉の表面全体に細かなサシがきれいに入っているものを指します。一方、粗ザシは太めのサシが多いときにそう呼びます。

そして、食べたときに口当たりがよく、よりおいしいといわれるのが小ザシです。同じ霜降り肉の小ザシと粗ザシで極端に味が変わる感じではありませんが、私も小ザシのほうがおいしいと思っています。そのため、肥育している牛の肉がすべて小ザシであればいうことはないのですが、実際にはそうなってくれません。粗ザシの場合もあれば、肉の表面の半分が小ザシで半分が粗ザシという場合もあります。肥育方法によってサシの量は一定以上に増やせても、小ザシになるかどうかは運に任せるしかない面もあるのです。

そのため、同じブランド牛を購入した際にも、小ザシのときもあれば、粗ザシのときもあり得るわけです。しかし、それはある意味では当然のことでもあるため、購入した肉に小ザシが多いときに、少しラッキーだったと考えるくらいの受け止め方がよいのではないかと思います。

「等級の情報×部位の特徴」で肉質をイメージする

ブランド牛のおいしさを堪能するためには、牛肉の部位ごとの特徴を知っておくことも重要です。例えば、同じ5等級であっても、部位ごとに肉質は大きく異なります。格付の等級は、枝肉全体の肉質の傾向を知るために役立つ情報です。それに、部位ごとの特徴の知識を掛け合わせることで、「5等級のリブロースであればこんな肉質だろう」、「3等級のサーロインであればこんな肉質だろう」と肉質をよりイメージしやすくなります。

牛肉の枝肉を分割した部位は、地域によって分割方法や呼び名が異なるなどしますが、公益社団法人 日本食肉格付協会が定める部位（部分肉）の規格では13部位があります。ネック、カタ、カタロース、リブロース、サーロイン、ヒレ、カタバラ、トモバラ、ランイチ、ウチモモ、シンタマ、ソトモモ、スネで、それぞれの肉質の主な特徴は以下のようになります。

ネック…牛の首にあたる部分で、きめは粗めで、肉質もかためめ。脂肪分が少ない。挽肉や煮込み料理などに用いられる。
カタ…牛がよく動かす部分であるため、肉質はややかため。赤身肉中心で脂肪分は少ない。
カタロース…カタの隣の部分。カタよりも脂肪分が多く、柔らかい。
リブロース…背中の真ん中あたりに位置する部分。赤身と脂肪分のバランスがよく、肉のきめも細かい高級部位。
サーロイン…リブロースからお尻のランイチに続く部位。リブロースと並ぶ高級部位。赤身と脂肪分のバランスがよいのはリブロースと同じ。リブロースよりもやや脂肪分が多い。
ヒレ…サーロインの下部で内臓のすぐ上部。ほとんど動かさない部分であるため、最も肉質が柔らかいとされる部位。脂肪分は少なく、赤身が主体。
カタバラ…肋骨の外側部分。きめは粗いが、脂肪分が多く、カタよりも柔らかい。
トモバラ…牛のお腹周りの部分。脂肪分が特に多い部位。
ランイチ…サーロインから続くお尻の部分。赤身主体の部位のなかでは特に柔らかい。

ランイチは、主に頭側の「ランプ」とお尻側の「イチボ」に分かれ、こちらの名前で呼ばれることも多い。

ウチモモ…後脚の内側の大きな筋肉。牛肉のなかで最も脂肪が少ないとされる部位。赤身の柔らかい肉質。

シンタマ…ウチモモと隣接する赤身の部位で、ウチモモよりも柔らかい。

ソトモモ…後脚の付け根の、主に外側の筋肉。よく動かす部分であるため、きめは粗い。しっかりとした食感の赤身が特徴。

スネ…ふくらはぎ付近。スジが多く、かたい。挽肉や煮込み料理などに用いられる。

同じ部位でも等級が違えば霜降り肉から赤身肉まで

13部位の肉質の主な特徴については、等級の情報を掛け合わせる際にこれを応用します。これら13部位の肉質の特徴はあくまでもベースであり、等級の違いによって部位ごとの肉質も変化する点に牛肉の多様性があるのです。

例えば、高級部位のリブロースやサーロインは、赤身と脂肪分のバランスがよいのが特徴ですが、A5などの5等級の霜降りでは、サシ（脂肪分）の割合がかなり多くなります。ある意味、バランスは崩れますが、サシが多いことでとろけるような食感を生み出します。肉のきめが細かい部位であることから上質なコクと甘みもあり、多くの人が極上のおいしさと評するのが5等級のリブロースやサーロインです。

では、4等級以下はどうかというと、5等級に比べるとリブロースやサーロインに入るサシの量も減ります。好みによっては、4等級や3等級のリブロースやサーロインが、それこそ赤身と脂肪分のバランスがちょうどよいともいえるわけです。さらに2等級以下になると、今度は赤身の割合が増え、リブロースやサーロインが赤身肉を好む人向けの部位になることもあります。

一方、総称してモモ系とも呼ばれるランイチ、ウチモモ、シンタマ、ソトモモは、赤身が主体であることが特徴です。そのため赤身肉と呼ばれることも多いのですが、5等級や4等級はモモ系の部位にもサシが入ります。特に5等級は、赤身肉と呼ぶのは違和感があるほど、多くのサシが入る場合も少なくありません。サシがほとんど入っていない赤身肉を好む人にとっては、5等級や4等級のモモ系の部位は不向きといえます。

しかし、もともとサシが多く入りやすいカタバラやトモバラのバラ系の部位に比べれば、モモ系の部位に入るサシの量は少量です。そのため、5等級や4等級のモモ系の部位は、適度にサシが入っている赤身肉だといえます。昨今の赤身肉ブームのなかで、モモ系の部位の人気が高まったのも、この適度なサシのおいしさが理由の一つと考えられます。

同様に、ヒレやカタも赤身が主体であることが特徴ですが、5等級ともなれば結構な量のサシが入ります。5等級のヒレはサシが多くて最高に柔らかいとか、肉がかためのカタであっても5等級であれば適度なサシが入っていておいしいなどと評価される魅力があります。なかには煮込み料理などに使われるスネでも、等級が高ければ焼肉にしてもおいしいという人がいます。

そして、等級だけでなくB.M.S.の情報も加えると、さらに微妙な味の違いを追求できるようになります。同じ5等級でも、モモ系の部位で№8～№12を食べ比べて、自分にとっての究極の適度なサシのバランスを探ってみるといったことができるのです。ここまで考え出すと、いわゆるマニアックな領域になりますが、こうした味の違いの楽しみ方もできるのが牛肉の多様な味わいの魅力です。

「カルビ」という部位はなく「ロース」は複数部位の総称

13部位のなかに、「カルビ」という部位はありません。焼肉の代表的なメニューといえばカルビですが、これは部位名ではなく、焼肉店における商品名です。焼肉のルーツは朝鮮料理で、カルビは韓国語でアバラを意味します。つまりアバラ骨（肋骨）の周辺の肉のことを指しており、胸からお腹にかけての部分がこれにあたります。部位でいうとカタバラ、トモバラです。ちなみに、日本での「バラ肉」という呼び名も、アバラの「ア」がなくなって「バラ」になったといわれます。

こうした背景から、カルビとして主に出されているのはカタバラ、トモバラのバラ系の部位です。ただし、日本の焼肉店では、バラ系だけでなくほかの部位がカルビに使われていることもあります。バラ系の部位は脂肪分が多いため、「サシが多い肉＝カルビ」と解釈されるようになり、これに当てはまればほかの部位もカルビとして提供されるようになったのです。

例えば、霜降りの和牛はカタロースやリブロース、サーロインなどにもサシが多く入ります。そこで、カタロースやリブロース、サーロインもカルビとして提供されるようになりました。高級部位のリブロースやサーロインは、「特上カルビ」や「特選カルビ」（あるいは「特上ロース」や「特選ロース」）などとされています。もちろん、リブロースであればリブロース、サーロインであればサーロインと、部位名で商品化している焼肉店も多くありますが、カルビの人気が高い焼肉店ではさまざまな部位をカルビとして商品化しているケースもあるのです。

そのため、ブランド牛を通販などで購入する場合、焼肉用の商品が「カルビ」としか記載されておらず、どの部位かが分からない場合もあります。部位ごとの味わいを楽しみたい人にとっては難点ですが、それが焼肉ファンを増やしてきた日本ならではのカルビ文化ともいえるので、致し方ない部分ではあります。

一方、焼肉店にはカルビと並ぶ代表的なメニューに「ロース」があります。このロースについても、かつての焼肉店では文字どおり商品名でしかありませんでした。「サシが多い肉＝カルビ」の対比として「赤身が多い肉＝ロース」と解釈され、モモ系の部位などもロースという商品名で販売されているケースが多かったのです。

しかし、2010年に消費者庁が、焼肉店でモモ系の部位をロースと表示するのは景品表示法違反（優良誤認）にあたるとして、焼肉業界に改善を求めるように要請しました。これを契機に、焼肉店でも食肉小売品質基準で「ロース」と呼べる部位のみをロースとして販売するようになっていきました。食肉小売品質基準で「ロース」と呼べる部位はカタロース、サーロイン、リブロース、ヒレです。ヒレをロースとして販売するケースは多くないため、主にカタロース、サーロイン、リブロースということになります。ブランド牛を購入する場合も、商品名が「ロース」と表示されている場合は、このうちのどれかに該当するはずです。

また、ロースと似た意味をもつのが「ロイン」です。英語で「腰肉」を意味し、日本の部位名でいうとサーロイン、リブロース、ヒレが「ロイン系」と呼ばれ、高級ステーキにも用いられます。アメリカ産とオーストラリア産の牛肉では、サーロインは「ストリップロイン」、リブロースが「リブアイロール（アメリカ産）」、「キューブロール（オーストラリア産）」、ヒレが「テンダーロイン」と呼ばれます。

なお、サーロイン、リブロース、ヒレはイギリスでの呼び名です。サーロインについては、かつてのイギリス国王が、ロインを食べてそのおいしさに感激し、「サー」の称号を与えてこの呼び名になったという逸話も残っています。

「ミスジ」「ザブトン」などの小分割でも肉質は異なる

現在の焼肉店では、「ミスジ」や「ザブトン」など希少部位と呼ばれるメニューも増えました。これは、13部位を大分割としたら、小分割の部位と呼べるものです。13部位と別の部位なのではなく、それぞれのなかに含まれている部位をさらに細かく分類したものです。それによって牛肉の部位ごとの肉質の違いをより細かく追求しており、小分割にすることでさらに細かい違いが出てくるのです。

分割方法や呼び名は地域や店によって異なる場合がありますが、主なものとしては以下のような種類があります。

ミスジ…カタの小分割。牛がよく動かすカタの部位のなかでもあまり動かさない部分にあたり、より柔らかい肉質。真ん中に一本のスジがあることから、ミスジと呼ばれる。

ザブトン…カタロースの小分割。カタロースのなかでも特にサシが入りやすく、柔らかい部分。座布団のように四角い形にカットされることが名前の由来といわれる。

リブシン…リブロースの小分割。リブロースのなかでも特に肉のきめが細かくて見た目もきれいなのがリブシン（リブ芯）。その周りがリブマキ（リブ巻）とも呼ばれる。

シャトーブリアン…ヒレの小分割。ヒレの真ん中部分。ヒレのなかでも特に柔らかい。

サンカクバラ…カタバラの小分割。カタバラのなかでも特にサシが入りやすく、柔らかい部分。

カイノミ…トモバラの小分割。トモバラのモモ側の部分で、バラ系のなかでも赤身と脂肪分のバランスが特によいとされる部位。貝のような形をしていることが名前の由来といわれる。

ラムシン…ランイチの小分割。ランイチのランプとイチボの間の部分で、より柔らかい。

トモサンカク…シンタマの小分割。シンタマのなかでも特にサシが入りやすい。

こうした小分割の部位は、分割の仕方によってはほかにも多くの種類があります。小分割の部位によって、牛肉の肉質の多様性はさらに広がるのです。

ただし、ブランド牛を購入する際に、必ず小分割の部位が販売されているとは限りません。理由の一つは、小分割の部位の歴史が浅いからです。小分割の部位を提供する焼肉店が増え、一般の人にも知られるようになったのは２０００年代以降です。それまでは焼肉といえば、タンや内臓肉以外はほぼカルビとロースだけでした。まだ歴史が浅いこともあり、今でも小分割の部位について詳しくない人はたくさんいます。

そのため焼肉店や小売店などの売り手側も、小分割の部位の販売に力を入れているところもあれば、そうでないところもあります。また、小分割の部位を販売すると、商品の種類が増えて売り手側の手間が増えるため、この点も店によって扱う肉の種類が変わる理由の一つになっています。

それでも、焼肉といえばカルビとロースだった時代から考えれば、小分割の部位もかなりメジャーになりました。ブランド牛の通販でも、ミスジやザブトンなど特にメジャーになった小分割の部位は販売されるケースが多くなっています。ブランド牛の小分割の部位を理解すれば、それぞれの肉質の違いを味わう楽しみも生まれます。

分かりづらくなっている「熟成」の知識を整理

牛肉の肉質は熟成によっても変化します。格付の等級や部位ごとの特徴に加えて、熟成についても知っておくと、牛肉の肉質に関する知識が深まります。ただし、ブランド牛を購入する際に、熟成の知識が大きく役立つわけではありません。熟成を魅力にしているブランド牛は多くないからです。なぜかというと、そもそも牛肉は、よりおいしく味わえるように一定期間、熟成させるのが当たり前だからです。

牛肉に限らず、豚肉でも鶏肉でも、と畜直後の肉は死後硬直によって肉がかたくなり、旨みも乏しい状態です。死後硬直のあとの自己消化という現象によって組織が分解され、たんぱく質分解酵素などの働きで肉が柔らかくなり、アミノ酸などの旨み成分が増すのです。これが熟成と呼ばれ、熟成期間として必要な日数は、と畜後に2～4℃で保管した場合、牛肉で10～21日、豚で4～6日、鶏で1日程度といわれます。

そのため牛肉は、と畜後に枝肉の状態で熟成させ、その後、骨を抜いて部分肉に加工されたものが流通しています。熟成期間が必要なため、と畜後、ある程度の日数を経たものしか販売されていません。牛の個体識別情報検索サービスで調べれば牛のと畜日が分かりますが、スーパーなどで売っている牛肉も、と畜後20日以上経っているものが多いはずです。その点からも熟成が当たり前であることが分かります。

熟成肉が国内でブームになったのは、ニューヨークの有名ステーキ店などで行われてきた「ドライエイジング」という熟成の手法が日本でも注目を集めたためです。そして、このドライエイジングは、もう一つの熟成の手法である「ウェットエイジング」との比較で理解しやすくなります。

ウェットエイジングは、肉の塊を真空包装にして熟成させる方法です。肉の劣化を防ぐために、真空包装での流通が一般化したことで生まれた熟成の方法です。と畜後、部分肉に分割されたあとも、腐敗菌が付きにくい真空包装の状態で熟成を進めます。真空包装によって衛生面での安全性を高めながら、肉の柔らかさや旨みが増す熟成の効果も期待できるのがウェットエイジングです。今、流通している牛肉の多くは、この方法で熟成が進んだものです。

一方、ドライエイジングは、肉を包装しない状態で熟成させます。温度や湿度を調整したドライエイジング専用の庫内で、枝肉や肉の塊に風を当てるなどして肉を乾かしながら熟成を進めます。それによって、肉の柔らかさや旨みだけでなく、ナッツの香りなどがプラスされて風味も増すといわれるのがドライエイジングです。ドライエイジングは、特に赤身肉で熟成の効果が高いともいわれます。

ただし、無包装の状態で熟成させるドライエイジングは、肉の表面に熟成に有効な菌を付着させ、腐敗菌の増殖を防がなければなりません。熟成と腐敗は紙一重といわれることもあるように、失敗すると腐敗菌が増殖して肉を腐らせてしまうことにもなります。また、菌は目に見えるわけではないため、より高度なノウハウを要します。こうした難しさがあるため、ドライエイジングを行っているケースは全体からいえば少ないのです。

それでも、熟成肉のブームを契機に、ドライエイジングに新たにトライする飲食店などが増えました。それが日本の牛肉文化をさらに活性化させるのであればうれしいことですが、一方で個人的には、ドライエイジングの短所にもつい目が向いてしまいます。ドライエイジングでは、乾かした肉の表面を削り取ります。そうして捨てられてしまう部分が増えてしまうことを、もったいないと考えてしまうのが生産者の一人としての正直な気持ちです。

ともかく熟成は、明確な定義がありません。そのため、ウェットエイジングとドライエイジング、さらには日本の精肉店などで昔から行われていた「枝枯らし」（真空包装がなかった時代、牛肉は肉が傷みにくい骨付のまま流通し、精肉店などでも冷蔵庫に枝肉を吊るしていた）などが混同されて分かりにくくなっていますが、熟成が肉質に影響を及ぼすのは確かです。熟成肉ブームはいったん落ち着いた感がありますが、今後改めて、熟成の方法や期間などで差別化したブランド牛が増えることもあると思います。

塩のみの味つけで焼くと味の違いが分かりやすい

ブランド牛は、焼肉、ステーキ、すき焼き、しゃぶしゃぶなどにして食べられますが、どの料理で食べるにしても、まずは購入した肉の一部（少量）を塩のみの味つけで食べてみることで、その肉の味わいをしっかりと楽しむことができます。この食べ方を何度か繰り返すと、旨みの強さを実感できたり、脂の甘みまでを感じることができたりして牛肉ごとの味の違いを認識しやすくなります。

さらに、霜降りの和牛ならではのおいしさの要因は、加熱することによって生じるコクのある甘い香りにあり、これを「和牛香」と呼ぶという研究発表もあります。和牛を食べる際に、この香りがどの程度するかを意識し、和牛香の具合を楽しむのも、和牛の味わい方の一つです。

また、牛肉をよりおいしく味わうための基本的な考え方として、赤身が多い肉ほど焼きすぎないことが大切です。赤身が多い肉は、焼きすぎると肉がパサつきやすくなるからです。衛生面で問題のある肉の表面の生焼けは避けなければなりませんが、中はレア加減に焼いたほうがおいしい場合が多いのが赤身肉です。もちろん、焼き加減にも好みがありますが、焼き方によって味わいの差がつきやすいのが赤身肉であるということは押さえておきたい基礎知識です。

そして、ブランド牛は焼肉用、ステーキ用、すき焼き・しゃぶしゃぶ用など、それぞれの料理に合わせてカットされたものが販売されています。そうした商品が家庭でも調理しやすいのはいうまでもありませんが、時にはスライスされていないブロック肉を購入してみるのも一つの選択肢です。自分でカットすることで、自分好みの肉の厚みや大きさを発見する楽しみがあります。

例えば、普通のスライスだけでなく、一口サイズの角切りにしてみると、また違った味わいを楽しめます。角切りであれば肉の厚みがあるため、表面をしっかり焼いても中はほどよいレア加減になり、なおかつ一口サイズなので食べやすいのも利点です。同様に肉の厚みがあって食べやすい短冊切りなども、試してみる価値があります。このように、肉のカットの仕方でも多様な味わいを堪能できるのがブランド牛です。

「タン」「ハラミ」「小腸」などにも和牛特有の旨さ

牛肉の流通では、枝肉以外の部分が「副生物」と呼ばれます。この副生物の部位がタン（舌）、ハラミ（横隔膜）、ミノ（第一胃）、ハチノス（第二胃）、センマイ（第三胃）、ギアラ（第四胃）、ハツ（心臓）、レバー（肝臓）、マメ（腎臓）、ショウチョウ（小腸）、シマチョウ（大腸）、テール（尾）、ホホ（頭肉）などです。最近では、ブランド牛の副生物が通販などで販売されているケースも増えています。

まず何といっても人気が高いのがタンです。等級の高い霜降りの和牛はタンもサシが多く、そのおいしさは格別であるといわれます。しかし、タンは一頭の牛から取れる量が少ないため、人気があるほど入手のハードルもはね上がります。そのため、ブランド牛のタンの多くは、買えたとしてもかなり高価になります。

また、一本のタンを喉元側から3カ所に分けてタン元、タン中、タン先と呼びます。最もサシが入るタン元がいちばん柔らかく、タン先はかための肉質になります。タン元のみを使っていることをアピールする焼肉店がありますが、これはタンのなかで最も上質な部分だけを使っているということです。確かに、タン元だけを使っている焼肉店のタン塩は贅沢なおいしさです。しかし、タン先の噛み応えがある食感も一つの魅力ではあります。タン先だけで商品化されている場合は、比較的値段も安めです。なお、タンにはもう一つ、タン下と呼ばれる部分があります。タンの下側のスジが多い部分で廃棄されることもありますが、煮込み料理などに活用することもできます。

人気の部位といえば、ハラミもそうです。かつてはマイナーな部位でしたが、20年ほど前から、味わいの力強さや赤身と脂の絶妙なバランスなどが評価されようになって人気が高まりました。タンと同様に、ハラミも霜降りの和牛の場合はサシが多く入ります。なお、ハラミは横隔膜の部位ですが、横隔膜にはもう一つ、「サガリ」という部位もあります。ハラミよりやや脂肪分が少ないのがサガリです。

一方、ほかの内臓肉の部位で、霜降りの和牛の特徴が出やすいのがショウチョウやシマチョウ、ギアラです。これらの部位は内臓肉のなかでは脂肪分が多い部位で、霜降りの和牛だと脂肪分がより多くなるのです。なかでも同じ腸であっても、シマチョウより身が薄く、脂が付きやすいショウチョウは、最も脂分が多くなります。霜降りの和牛のショウチョウは、内臓肉の脂ならではの甘みを存分に味わえます。なお、ショウチョウは「マルチョウ」、シマチョウは「テッチャン」とも呼ばれ、ギアラは関西などでは「赤センマイ」とも呼ばれます。

ブランド牛は和牛が多いことから、霜降りの和牛ならではの内臓肉も特色豊かで多様です。ただ、第一胃のミノについては、和牛はあまり使われません。濃厚飼料をメインにして育てる和牛のミノは、身の厚みなどの面で品質が劣るとされるからです。そのため外国産の牛のミノが使われることが多くなっています。

また、一定の熟成期間が必要な枝肉の精肉とは違い、内臓肉は新鮮なほどおいしいとされますが、通販では冷凍での販売が多くなっています。ただ、冷凍技術も昔に比べると進化しているため、冷凍での販売でもおいしい内臓肉を味わえるようになっています。なお、内臓肉は中までしっかり火を通さないと衛生的に問題があるとされているので、その点には十分に注意しなければいけません。

ハンバーグなどのブランド牛の加工品も要チェック

ブランド牛によっては、焼肉用やステーキ用の生肉だけでなく、調理済みの加工品も販売されています。ブランド牛を用いたローストビーフや牛丼、ハンバーグ、カレーなどです。こうした加工品に注目してみるのもブランド牛の楽しみ方の一つです。

加工品は、売り手側にとっては利益を増やすための大事な商品でもあります。ハンバーグやカレーは、焼肉用やステーキ用としては販売できない部位も活用できるからです。ともすれば捨てられてしまう部分も、ハンバーグなどの挽肉料理やカレーなどの煮込み料理に有効活用すれば、牛一頭の肉を無駄なく使うことができます。おいしいと喜ばれている加工品は、買い手も売り手もWin-Winの商品ともいえます。

石原牛でもそうした加工品の開発に取り組んでおり、ビーフジャーキーは試作の段階においても好評です。手間暇かけて育てた牛の肉をできるだけ無駄にしないために、どの生産者もさまざまな努力を続けているのです。

［第5章］

海外で愛される日本のブランド牛
なぜ日本のブランド牛は
世界を魅了するのか？

和牛は世界的にも「個性」が際立っている

日本畜産物輸出促進協議会ホームページによれば日本の牛肉の輸出量は年々増加しており、2021年は前年比63％増の7879tで、2012年の863tに比べ10倍近くになっています。輸出先としてはカンボジア、香港、台湾、シンガポール、タイなどのアジアが75％を占め、アメリカ・カナダで16％、EU・その他が9％という割合です。

そうしたなかで、神戸新聞の記事によれば神戸牛の2021年の輸出量は前年比65％増の73tと過去最高を記録しており、日本のブランド牛は海外でも愛されていることが分かります。日経新聞では松阪牛も2023年は前年比13倍の300頭の輸出を目指すなど、今後、日本のブランド牛の海外輸出はますます拡大すると予想されます。

では、なぜ日本のブランド牛が世界を魅了するのかというと、和牛は世界的にも個性が際立っているからだと私は思います。あえて個性という言葉を使ったのは、生産者の一人として和牛は世界最高峰の肉質だと思っていても、一概にそう決めつけることはできないからです。世界ではそれぞれの国や地域に人々に愛される牛肉が生産されています。肉質

牛肉の輸出量、金額、単価の推移

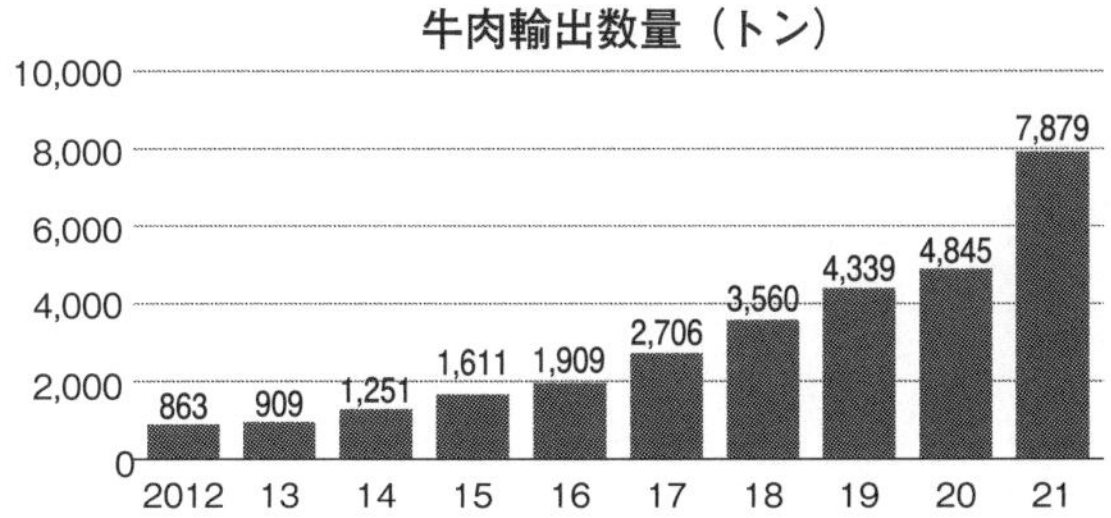

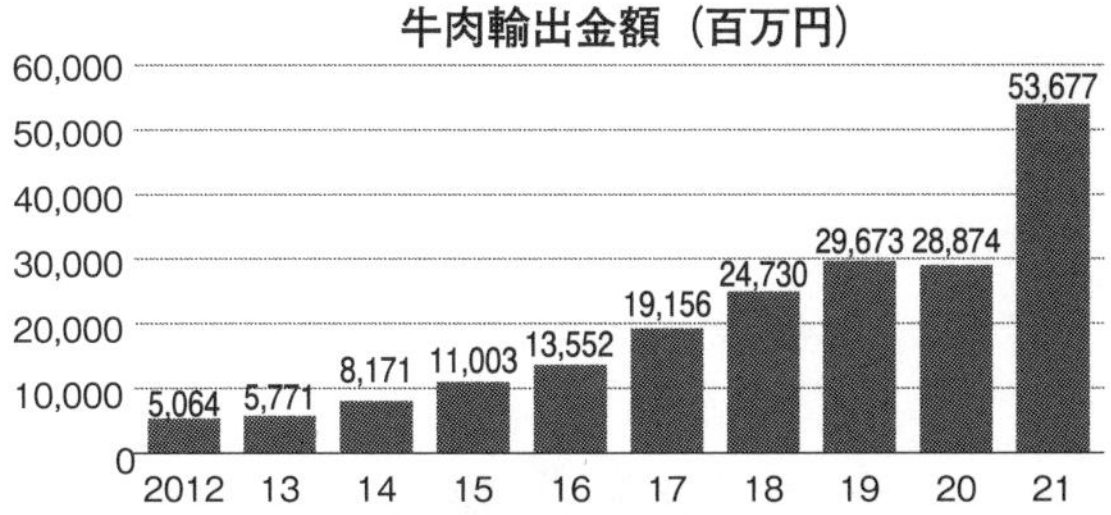

	2012	2013	2014	2015	2016	2017
数量（トン）	863	909	1,251	1,611	1,909	2,706
金額（百万円）	5,064	5,771	8,171	11,003	13,552	19,156
単価（円/kg）	5,865	6,348	6,529	6,831	7,098	7,078

	2018	2019	2020	2021	前年比
数量（トン）	3,560	4,339	4,845	7,879	162.6%
金額（百万円）	24,730	29,673	28,874	53,677	185.9%
単価（円/kg）	6,947	6,838	5,960	6,813	114.3%

出典：日本畜産物輸出促進協議会「牛肉輸出をめぐる動向～2021年輸出実績～」

主な輸出地域

		数量（トン）	割合	金額（百万円）	割合
2020	アジア	3,993	82%	21,992	76%
	米国・カナダ	552	11%	4,413	15%
	EU	154	3%	1,406	5%
	その他	145	3%	1,063	4%
	合計	4,845	100%	28,874	100%
2021	アジア	5,931	75%	36,896	69%
	米国・カナダ	1,247	16%	10,892	20%
	EU	362	5%	3,511	7%
	その他	339	4%	2,378	4%
	合計	7,879	100%	53,677	100%

注：EUには英国を含む。以下のＥＵの表記は同じ。

2021年 地域別輸出数量割合

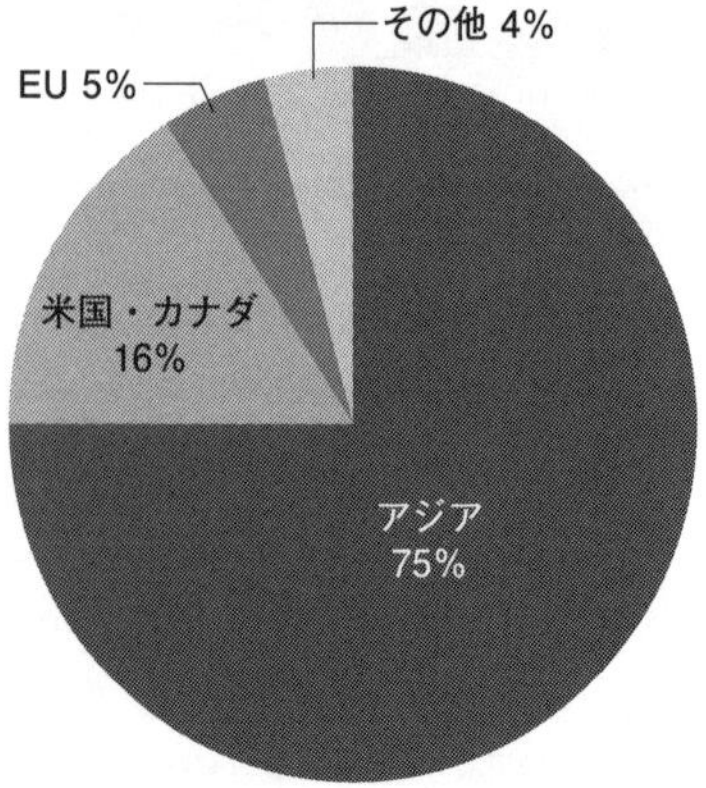

出典：日本畜産物輸出促進協議会「牛肉輸出をめぐる動向～2021年輸出実績～」

の優劣は、国や地域ごとの人々の嗜好によっても変わります。安易に優劣を語ることはできないため、個性が際立っているという表現が妥当だと考えました。

そして、その際立った個性とは、いうまでもなく霜降り肉であることです。和牛のような霜降り肉は、世界の牛肉のなかでは希有であり、初めて食べた外国人にとっては、まさに初体験の味わいです。それだけ個性が際立っていて、なおかつ外国人の舌も唸らせる格別なおいしさがあるからこそ、和牛の霜降り肉は世界を魅了しています。日本独自の牛の改良と肥育の技術によって、その唯一無二のおいしさが生み出されたのです。

なぜほかの国ではなく日本で霜降り肉が誕生したのか

国産畜産物の輸出を促進することを目的として2014年に発足した日本畜産物輸出促進協議会のサイトには「海外のWEBで紹介されている和牛について」というページがあり、和牛に対する世界各地のさまざまな称賛の声が掲載されています。

例えば、イギリスの記事では、英国人は「伝統的なイギリスのローストビーフ」を誇りにしてはいるものの、「富裕層が求めるステーキは日本の和牛」であると紹介しています。

さらにアメリカの記事では、和牛を初めて食べたときの感想として「地が揺れる感覚に陥り、あらゆる称賛の言葉が思い浮かんだ」、「肉であるのに別次元の味わい」といった称賛の声が掲載されています。ほかにも神戸牛を最高級ワインのブランドに例える記事などがあり、和牛の霜降り肉が、高いお金を払ってでも食べたい特別な牛肉として評価されていることが分かります。

こうした称賛の声を聞くと、一方で疑問も湧きます。これほど世界で高い評価を受けるのであれば、和牛のような霜降り肉がほかの国で昔から生産されていても不思議ではないのに、なぜそうならなかったのかと思うのです。その大きな理由は、霜降り肉の生産に適した黒毛和種が日本固有の品種だからですが、もう一つの見方としては、食文化の違いも影響していると思います。

欧米人が食べる牛肉のステーキはボリューム感たっぷりです。アメリカ人やオーストラリア人にとって当たり前のサイズとされるステーキが、日本人からすると驚くほど大きなものであることもあります。また、これらの牛肉大量消費国では牛肉を食べる回数も日本人よりはるかに多いため、脂肪分が多すぎる霜降り肉だと飽きが早くなってしまうのです。日常的に大量に牛肉を食べる食文化には赤身主体の肉が適しており、わざわざ霜降り肉を生産する必要がなかったと考えられます。

一方、日本人は牛肉のステーキに、そこまでのボリュームを求めません。ステーキだけでなく焼肉やすき焼き、しゃぶしゃぶも、日本人にとっては時々食べる「たまのご馳走」です。そうした「たまのご馳走」に適した豊かな味わいだったからこそ、和牛の霜降り肉は日本で発展を遂げたのではないかと思うのです。

おそらく海外でも、和牛の霜降り肉は従来の食事におけるステーキとは異なる「たまのご馳走」として愛されているのです。ですから、たとえ食べる回数が少なくても、そのおいしさを知って食べる人の数が増えれば和牛の輸出量もさらに増えていくはずです。日本畜産物輸出促進協議会ホームページ「海外のWEBで紹介されている和牛について」の記事でも、脂の旨みなどが圧倒的な和牛は、「量は必要なく、いうなれば牛肉のデザートである」と紹介していました。牛肉のステーキといえばビッグサイズであるのが当たり前である外国人に対して、和牛の霜降り肉は「ボリュームがなくても満足感が高い牛肉」というカルチャーショックを与えているというわけです。

また、古くから肉食文化が根づいていた欧米人に比べると、日本人は肉を噛み切る力が弱く、それが霜降り肉の柔らかさを好む要因になったともいわれます。逆にいえば欧米人にとっては、肉の噛み応えについては物足りない面があるのかもしれませんが、和牛の霜降り肉にはそれをも凌駕する豊かな味わいがあるからこそ、高い評価を得ているのだと思います。

海外産との違いは「穀物肥育でその期間が長いこと」

日本のブランド牛が世界的にも個性の際立った霜降り肉であるのは、黒毛和種が日本固有の品種であることに加えて肥育方法にも独自性があるからです。その特徴を端的に説明すると、「穀物肥育であること」と「穀物肥育の期間が長いこと」が挙げられます。

まず、穀物肥育であることが特徴として挙げられるのは、世界では放牧して牧草を食べさせる牧草飼育を主流にしている国も多いからです。例えば、牛肉の輸出大国で、日本にも輸出している国ではオーストラリアやニュージーランドがそうです。日本ではあまりなじみがありませんが、牛肉輸出量が世界最大のブラジルも牧草飼育が主流です。こうした世界各国で生産されている牧草飼育の牛肉は赤身が主体であるため、霜降り肉の生産に欠かせない穀物肥育であることが、和牛の大きな特徴になっています。

しかし、穀物肥育を行っている国は日本だけではありません。例えば、日本にも多くの牛肉を輸出しているアメリカも穀物肥育が主流です。牧草飼育が主流のオーストラリアやブラジルでも穀物肥育は行われています。そうしたなかで和牛のもう一つの大きな特徴になっているのが、穀物肥育の期間が長いことです。穀物肥育を行っていても、その期間は短いと100日以下、長くても200日以下である場合が多いほかの国と違い、肥育農家が穀物を与える期間が400日、500日を超えるのが和牛です。このように世界でも珍しい長期の穀物肥育によって、外国人が初体験のおいしさだと驚く霜降り肉がつくられるのです。

輸入の80%を占めるオーストラリア産とアメリカ産

農林水産省の資料によれば、2021年の牛肉（部分肉ベース）の国内生産量と輸入量の合計は約90万5000tです（消費量を意味する推定出回り量は約88万7000t）。

このうち国産は約33万6000tと40％に満たず、60％以上が輸入牛肉となっています。

そして、輸入牛肉の多くを占めているのが、牛肉輸出量が世界の上位3位にも入っているオーストラリア産とアメリカ産です。同資料ではオーストラリア産が約22万8000t、アメリカ産が約22万2000tとなっており、この二カ国で日本の輸入牛肉の約80％を占めています。残り20％のなかで比較的多いのはカナダ産とニュージーランド産です。

このデータからも分かるように、オーストラリア産とアメリカ産の牛肉は日本人の牛肉消費を支えています。これら日本人にとって身近な輸入肉について知れば、海外産と和牛の生産方法の違いもよりイメージしやすくなります。

まずオーストラリア産は、「グラスフェッド」と呼ばれる牧草飼育が主流ですが、サシが入っている牛肉が好まれる日本向けの輸出に力を入れたこともあって、「グレインフェッド」と呼ばれる穀物肥育も増やしました。MLA（ミート・アンド・ライブストック・オーストラリア）の資料によれば、この15年ほどは日本に輸出した牛肉の40～50％程度をグレインフェッドビーフが占めています。ただし、グレインフェッドビーフとなる牛であっても、オーストラリアでは一般に成長期間の85～90％は牧草地で育てられています。その後、「フィードロット」と呼ばれる、穀物を与える肥育場で育てる平均期間は約95日とされています。

一方、アメリカ産はグレインフェッドビーフが主流ですが、放牧して牧草で育てる期間を経ているのは同様です。米国食肉輸出連合会の説明資料によれば、生後約1年までは牧草で育て、その後、約6カ月間、フィードロットで育てます。なかには7カ月以上、フィードロットで育てるケースもあると聞きますが、多くは約6カ月の200日未満のようです。

このようにオーストラリア産とアメリカ産のグレインフェッドのフィードロットの期間は、短ければ100日以下、長くても200日以下である場合が多いのです。また、フィードロットは小頭数ではなく、何十頭という集団ごとに牛を柵で囲い、穀物を与えます。一般的に小頭数の部屋に分けて肥育する和牛とは、この点も異なります。集団飼いより効率は悪くても、一頭一頭の飼料の食べ具合などを見ながら、よりきめ細かい肥育ができる小頭数飼いを行っているのも、海外産との比較では和牛の肥育方法の特徴といえます。

しかし、一方で海外産の肥育方法は、和牛の生産者である私から見ても羨ましい点があります。それは何といっても飼料が潤沢なことです。広大な土地に生えた牧草を牛の飼料にすることができ、穀物もアメリカは世界トップクラスの生産量を誇ります。牛の飼料も輸入に頼らなければならない日本との大きな違いです。自国の潤沢な飼料によって、生産コストを下げることができるのが、海外産の牛肉の多くに共通する強みなのです。

逆にいえば、そうした強みをもたないなかで、価格で勝負するのではなく、高価値路線で勝負してきたのが和牛です。牛肉の輸入自由化によってオーストラリア産とアメリカ産という強力なライバルができたことで、高価値路線は揺るぎないものになりました。その結果、国内では海外産と和牛はマーケットの棲み分けが進み、両者によって日本の牛肉需要に幅広く対応しています。価格だけが勝負ではなく、高価値路線でも勝負できることを国内で実証したことが、今、日本のブランド牛が自信をもって海外に進出できる基盤になっているのです。

世界市場での強力なライバルは海外産WAGYU

世界的にも個性が際立ち、唯一無二の味わいが評価されている和牛ですが、実は海外にも強力なライバルが存在します。それが、海外で生産されている「和牛」（以下WAGYU）

です。

現在、日本の和牛の精液や受精卵は、どこの国にも輸出してはいけないことになっています。しかし、1970年代から1990年代にかけて、和牛の遺伝資源がオーストラリアやアメリカに持ち込まれたことにより、海外でWAGYUが生産されるようになりました。今はオーストラリアやアメリカだけでなく、カナダ、中国などでもWAGYUの生産が行われています。こうした海外産WAGYUを逆輸入して日本で和牛として販売することはできないものの、海外輸出の拡大を目指す日本のブランド牛にとっては強力なライバルであるといわざるを得ません。

なかでもオーストラリアは、海外産WAGYUの最大の生産国です。オーストラリア産WAGYUは生産量の9割近くを輸出しており、世界的に知名度を高めています。日本の牛肉の主要輸出先であるアジアなどでも知名度が高く、オーストラリア産WAGYUは世界の牛肉マーケットで一定のポジションを築いています。海外輸出を目指す日本のブランド牛にとって、当面のいちばんのライバルとなっています。

劣るそうです。

和牛の輸出&ブランド牛の輸出の課題と展望

オーストラリア産WAGYUは、牧草地で放牧させたのち、1年から長ければ600日間も肥育を行っています。600日間といえば和牛に負けず劣らずの肥育期間になりますが、オーストラリア産WAGYU全体で見た場合には、和牛よりも霜降りの度合いなどは劣るそうです。

和牛の高いクオリティーは、肥育期間の長さだけでなく、日本独自の牛の改良と肥育の技術によって生み出されています。簡単に真似できるものではなく、その意味では和牛と海外産WAGYUは似て非なるものともいえます。

オーストラリア産WAGYUがそうであるように、海外産WAGYUは総じて和牛よりも価格が安くなっています。それでも和牛は、その高いクオリティーによって、海外産WAGYUの脅威を跳ねのけることが十分に可能なはずです。

しかし、そのためには和牛の世界的な知名度をさらに高めていかなければなりません。和牛が世界で愛されるようになったとはいえ、まだまだ知らない人が世界にはたくさんいます。そうしたなかで、2007年には和牛の輸出促進のための和牛統一マークも制定されています。「和牛」「BEEF」「JAPAN」という文字と牛をモチーフにした絵柄を組み合わせたマークです。この和牛統一マークは、日本で生産された和牛であることを証明するものです。表示することで、「これが本物（日本産）の和牛である」と世界にアピールしやすくしたのです。確かに海外産WAGYUが増えている世界で戦っていくためには、こうした取り組みで、まずは和牛がジャパンブランドであることを広く認知させていくことが必要です。

一方で、今後はブランドごとの輸出もますます増えると考えられます。例えば、フランスワインを好きになった人が、シャンパーニュ、ブルゴーニュ、ボルドー、ロワール、アルザスといった多様な産地のワインブランドに興味をもつのと同じように、世界の和牛ファンも日本各地のブランド牛に注目するようになる可能性が十分にあるからです。

また、生産者の顔が見えることが価値になるのは海外でも同じです。そうしたなかで、石原牛のように生産者の個人名を冠したブランド牛も世界で勝負することができます。実際に私が生産してきた和牛は、これまでにも食肉卸会社を通してアメリカやイギリス、オランダ、台湾、シンガポールなどに輸出されてきましたが、今後は石原牛のブランド名でも海外輸出を行うことにしています。

ブランド牛の未来を切り開いていくために

海外輸出を目指しているのは石原牛だけでなく、ほかにもたくさんのブランドがあると思います。世界で勝負できる高いクオリティーを誇るブランド牛が、日本には数多くあるからです。将来的には日本各地のブランド牛が、当たり前のように海外輸出を行い、日本の食料輸出を牽引する存在にまでなっていかなければと思います。

そして、そのためにはブランド牛が世界に誇る日本の宝であることを、より多くの日本人に知ってもらう必要があります。日本の宝を守り、後世につないでいるのがブランド牛の生産者たちであることをもっと知ってもらわなければなりません。そうした認識が広がれば、生産者にとって大きな励みとなり、自信にもなります。ブランド牛業界の後継者や働き手を増やすことにもつながり、世界で勝負できる産業基盤を強固にすることができるからです。

逆に後継者や働き手が減れば、業界は衰退していきます。そうして生産量も減れば、海外輸出がままならないだけでなく、国内でも簡単にはブランド牛を食べられなくなってしまうことになりかねません。そんな未来にしないためにも、ブランド牛の生産者たちが、自身の仕事により誇りをもてるようにしていくことが必要です。

もちろん、だからといって食べ手の人たちが難しく考える必要はありません。ともかくブランド牛を味わい尽くしてもらうことが、生産者にとってもいちばんうれしいことです。そうしたなかで、ブランド牛の至福のおいしさは生産者の努力と情熱の賜物であるということを時々でも思い出してもらえれば、それがブランド牛の文化を育む大きな力となり、ブランド牛の未来を切り開く原動力にもなるはずです。

おわりに

私は牛飼いの仕事に巡り合えて幸運でした。牛飼いの仕事は奥が深く、とてもやりがいがあるからです。そこで、ここに私の経歴を記し、牛飼いの仕事に巡り合えた幸運に感謝の意を表したいと思います。

1966（昭和41）年、鹿児島県阿久根市に生まれた私は、父親が農場を経営しており、物心がついた頃から、当たり前のように牛の世話をしていました。私は小さい頃から一貫して牛が好きです。牧草を運んだり牛の寝床を整えたり、牧場の仕事をとても楽しんでいました。中学生になった頃には、家業を継ぐことを考え始めるようになり、農芸高校の畜産科への進学を決めました。

高校時代、何より勉強になったのは寮生活です。理不尽なしきたりも多く、我慢しないといけない場面も多かったのですが、このときに身につけた忍耐力が、のちの厳しい修業時代を乗り越える土台となったのです。

高校卒業後の進路は、当初は農業大学に進学し、農協の技術員等を数年経験してから家業を継ごうと思っていましたが、牛飼いの仕事に早く本気で向き合いたくなりました。そこで、実地で研修できる場所に行きたいと父親に相談しました。そうして知り合いのツテをたどって勧められたのが長野県の村沢牧場です。

当時、研修先として多かったのは去勢牛中心の牧場です。一方で、幻の和牛と謳われる村沢牛は、雌牛の肥育にこだわっていました。私は、難しい雌牛の肥育を学ぶことができる村沢牧場で修業がしてみたいと考えたのです。師匠の村澤 勲氏は、それまで弟子を取ったことがなかったのですが、お願いすると「構わんよ」と受け入れてくれました。村澤氏の初めての弟子となり、厳しい修業が始まったのです。

事前に聞いていたことは、とにかく寒い場所だということです。覚悟はしていましたが、本当に寒く、その年の冬は今でも語り草になる寒さでマイナス19・5℃にまでなりました。雪は降らないのですが、とにかく寒さのきつい牧場で2年間修業をしたのです。

弟子入りにあたり、私は村澤氏を「親父さん」、奥様を「お母さん」と呼んで、実の親に従うようにして教えを受けました。村澤の親父さんはすべてにおいて厳しく、妥協を許さない人でした。私が初めての弟子ということもあって、すべてを教え込もうと考えたのだと思います。牛の扱い方、ロープの引き方といった基本中の基本から、とことん飼い方をたたき込まれました。

修業は厳しく、正直なところ、何度も帰ろうと思いました。でも、そんな私を支えてくれたのが村澤のお母さんです。お母さんは牛を飼うことについての天才でした。「石原さん、頑張りないよ」というお母さんの言葉で、つらい修業を耐えることができました。

2年間の修業を終えて、鹿児島に戻り、家業の農場経営を継ぎました。1986年のことです。肥育の方法は村沢で学んできたやり方に一気に変えましたが、結果が出るまでには時間がかかり、不安になって何度も長野まで確認をしに行ったりもしました。そうして1年半ほどが経ち、最初の結果が出たときに、やってきたことに間違いはなかったと自信がもてました。以来、ブレることなく「村沢方式」をやり続けています。

3年後の1989年には肥育と並行して繁殖を始め、一貫経営にすることでコスト面でも安心して経営が続けられることを目指しました。そして繁殖は順調に進み、肥育にも手応えを感じていたのですが、両親が引退するタイミングで改めて先々のことを考えました。家族経営で繁殖30頭、肥育150頭の規模でやってきましたが、将来的には500頭まで増やしたかったのです。そこで、2009年には株式会社マル善を設立し、人を雇って500頭まで肥育ができる体制を整え、牛の買い付けにも行けるようにしました。ちなみに社名の「マル善」は、私の名前の「善」と、縁起をかつぐ「マル」を組み合わせたものです。

2017年には大きな転機が訪れます。長島町にある農場が売りに出され、買わないかと声がかかったのです。この長島農場は、脇本農場（マル善のもともとの農場）の倍の1000頭規模の農場です。土地を購入するだけではなく、牛をゼロから導入しなければならないため、かなりの資金がかかります。簡単に決断できることではありませんでしたが、長島農場の優秀なスタッフたちが残ってくれることになったことが決め手となりました。長島農場を買う決断をし、脇本農場と合わせて計1500頭規模の農場になったのです。このとき、繁殖は中止し、肥育一本で行くことも決断しました。

さらに、2019年から長男の慎也が社員となりました。2021年には次男の由士が経営する福岡の焼肉店に入社しました。長男が後継者になることを決意し、次男も入社してくれたことで、私の気持ちもますます奮い立ちました。そうしたなかで2020年に、私たちが生産する牛肉を「石原牛」というブランドで提供していくことを決めたのです。

次の段階は、ブランド力の向上です。通販などの販売面に注力すると同時に、牛飼いの技もさらに磨いていかねばなりません。そして、ブランド牛が世界を魅了する未来に向けて海外輸出も視野に入れるなど、まだまだやらなければならないことがたくさんあります。しかし、それこそが、大きなやりがいです。牛飼いの仕事に巡り合えたことにいっそう感謝し、これからも力強く前に進んでいきたいと思います。

参考文献

『牛肉の歴史』（「食」の図書館）ローナ・ピアッティ=ファーネル（著）富永佐知子（訳）原書房
『これからの和牛の育種と改良（改訂版）』 公益社団法人全国和牛登録協会
『但馬牛のいま　全国の黒毛和牛を変えた名牛』榎 勇（著） 彩流社
『銘柄牛肉ハンドブック２０２１』 食肉通信社
国立国会図書館デジタルコレクション「国牛十図」

参考サイト

公益社団法人全国和牛登録協会ホームページ
一般社団法人 全国肉用牛振興基金協会ホームページ
独立行政法人家畜改良センター奥羽牧場ホームページ
東京大学農学部創立１２５周年記念農学部図書館展示企画ホームページ

農林水産省「牛トレーサビリティ法」資料
神戸肉流通推進協議会ホームページ
松阪牛協議会ホームページ
「近江牛」生産・流通推進協議会ホームページ
米沢牛銘柄推進協議会ホームページ
米沢市役所ホームページ
公益社団法人 日本食肉格付協会ホームページ
米国食肉輸出連合会（USMEF）ホームページ
ＭＬＡ（Meat & Livestock Australia：ミート・アンド・ライブストック・オーストラリア）ホームページ
日本畜産物輸出促進協議会ホームページ
公益財団法人日本食肉消費総合センターホームページ

石原 善和（いしはら よしかず）

黒毛和牛ブランド「石原牛」生産者、株式会社マル善代表取締役

1984年高校卒業後、超高級和牛「村沢牛」を肥育する村沢牧場で村澤勲氏に師事。2年後に実家の肥育農場に就農し、肥育牛と並行して繁殖飼育を始める。2009年にマル善設立、肥育牛を500頭規模に拡大し、同時期より肥育牛は去勢のみへ移行する。2017年に1500頭規模へ拡大し、2020年ブランド牛「石原牛」の出荷を開始。さらなるおいしさを追求するため品質管理が難しい雌牛の肥育も開始。2021年「焼肉処石原牛」を福岡でオープン。

本書についての
ご意見・ご感想はコチラ

教養としてのブランド牛

二〇二三年八月十日 第一刷発行

著 者 石原善和
発行人 久保田貴幸
発行元 株式会社 幻冬舎メディアコンサルティング
〒一五一-〇〇五一 東京都渋谷区千駄ヶ谷四-九-七
電話 〇三-五四一一-六四四〇（編集）
発売元 株式会社 幻冬舎
〒一五一-〇〇五一 東京都渋谷区千駄ヶ谷四-九-七
電話 〇三-五四一一-六二二二（営業）
印刷・製本 中央精版印刷株式会社
装 丁 弓田和則

検印廃止
© YOSHIKAZU ISHIHARA, GENTOSHA MEDIA CONSULTING 2023
Printed in Japan ISBN 978-4-344-94490-9 C0036
幻冬舎メディアコンサルティングHP https://www.gentosha-mc.com/

※落丁本、乱丁本は購入書店を明記のうえ、小社宛にお送りください。送料小社負担にてお取替えいたします。
※本書の一部あるいは全部を、著作者の承諾を得ずに無断で複写・複製することは禁じられています。
定価はカバーに表示してあります。